深厚表土环境中 RC 井壁结构力学性能退化规律研究

谢海舰　著

武汉理工大学出版社

内 容 提 要

本书是土木工程类图书,书中通过综合运用理论分析、工程实测、物理试验与数值计算相结合的方法,深入探讨了深厚表土环境主要特征以及在此环境下混凝土材料性能退化规律和井壁结构力学性能退化规律,并就井壁结构可靠性评价及寿命预测与井壁结构破裂防治技术进行研究分析,旨在为理论设计与实际工程提供相应的科学依据和技术指导。

本书可供材料、结构、岩土等土建工程技术人员参考,同时也为高等院校有关专业师生提供了宝贵的学习和研究资料。

图书在版编目(CIP)数据

深厚表土环境中RC井壁结构力学性能退化规律研究/谢海舰著. --武汉:武汉理工大学出版社,2024.9.
ISBN 978-7-5629-7264-8

Ⅰ. TU375

中国国家版本馆CIP数据核字第2024PT4888号

项目负责人:严 曾 责任编辑:严 曾
责 任 校 对:严珊珊 排版设计:旗语书装
出 版 发 行:武汉理工大学出版社
社 址:武汉市洪山区珞狮路 122 号 邮 编:430070
网 址:http://www.wutp.com.cn
印 刷 者:武汉乐生印刷有限公司
经 销 者:各地新华书店
开 本:700mm×1000mm 1/16 印张:11.25 字 数:202 千字
版 次:2024 年 9 月第 1 版
印 次:2025 年 2 月第 1 次印刷
定 价:78.00 元

前　言

钢筋混凝土结构力学性能的退化是在自然环境与力学环境多种因素耦合作用下进行的,是一个非常复杂的交互影响与相互叠加的过程,也是引起钢筋混凝土结构可靠度降低与寿命缩短的根本原因。

本书通过对巨野地区煤矿的钢筋混凝土井壁结构及环境进行现场调研,提练出井壁结构、井壁内壁与外壁的自然环境与力学环境主要特征,分析得到了深厚表土环境中钢筋混凝土井壁结构的力学性能退化机制。通过对深厚表土环境的环境室模拟试验,得到了在该环境中三个强度等级共 5 个周期 468 个高强混凝土标准试件的立方体抗压强度与应力-应变全曲线。基于高强混凝土抗压强度损失率建立了高强混凝土腐蚀层厚度的估算模型;结合损伤力学的相关知识与三参数的 Weibull 分布,建立起了高强混凝土受侵蚀后的应力-应变方程。对不同周期的高强混凝土进行了 XRD 与 XRF 微观分析,从微观角度分析了退化高强混凝土的生成物与化学成分。

通过对厚、中厚、深厚及巨厚表土深度中的钢筋混凝土井壁结构力学性能的数值计算,并且选取深厚表土中一段钢筋混凝土井壁进行力学性能退化的物理试验,得到并验证了表土中竖向附加力是钢筋混凝土井壁破裂的主要原因。物理试验的主要环境分为环向加载-自然养护、环向加载+腐蚀、竖向加载+环向加载+腐蚀三种,一定周期后对井壁进行力学性能退化试验。随着周期的增长,腐蚀环境的钢筋混凝土井壁会出现不同程度的劣化,其中加有竖向荷载的钢筋混凝土井壁的开裂荷载与极限荷载比不加竖向荷载的井壁低,主要原因是竖向荷载使钢筋混凝土井壁的外表面出现了微裂缝,加速了有害离子对井壁的侵蚀。

通过高强混凝土材料在深厚表土环境中的损伤与退化机理的理论分析,基于损伤力学的相关理论,建立了高强混凝土腐蚀损伤模型,并将拟合曲线与试验曲线进行了相应的对比;基于损伤力学的相关理论,得到了高强混凝土损伤本构模型;基于双剪统一强度理论,分析了钢筋混凝土井壁结构力学性能的退化规律,并得到了深厚表土层与基岩交界处井壁应力场分布。

依据理论分析、现场实测、物理试验与数值计算的结果,提出了钢筋混凝土井壁结构的可靠度计算方法。在考虑荷载与效应二维因素条件下,基于 MATLAB 软件得到了不同表土深度中钢筋混凝土井壁结构在不同混凝土强度与荷载条件下的可靠指标与失效概率,同时依据钢筋混凝土井壁结构可靠性理论,建立了钢筋混凝土井壁结构可靠指标与使用寿命之间的关系;基于相关规定的可靠度指标,得到了钢筋混凝土井壁结构的可靠指标随使用寿命的变化曲线。

本书得到了 2024 年江苏高校"青蓝工程"优秀青年骨干教师项目资助。在本书的编写过程中，作者得到了导师吕恒林教授及课题组其他老师的悉心指导与宝贵建议，同时在试验过程中，得到了众多师兄弟姐妹的帮助，在此一并致以深深的谢意！

本书不仅是作者多年来从事深部地下环境及混凝土耐久性研究的积累，同时也参考了大量的文献，在此谨向相关作者表示感谢。由于作者水平有限，书中若存在不当之处，还望广大读者不吝批评指正。

谢海舰

2024 年 1 月

目　录

第 1 章

理论研究基础

煤矿开采使地下水位下降,导致土层固结压缩引起土体下沉,从而在井壁上引起竖直附加力,是井壁结构发生破裂的主要原因。同时煤矿开采过程中出现了对钢筋混凝土有害的固态、液态及气态介质,会加速井壁结构劣化。

1.1 研究背景和意义

1.1.1 研究背景

井筒是煤矿开采的重要工程设施,也是新井建设过程中物资及人员重要的施工通道,这些深井井筒绝大多数要通过 $500\sim1000$m 的冲积层,有的冲积层厚度甚至超过 1000m。井筒大都采用冻结法施工,随着冲积层厚度的增加,深厚表土层混凝土井壁不仅要承受巨大的地压、冻结法施工建井时期的冻结压力,以及井筒使用期间的竖向附加力,而且深厚表土层往往含水丰富、水压大、水头高,因此所建井筒大都存在渗水、淋水、漏水以及地下水中有害离子腐蚀井壁的问题。由于井壁常用的结构是钢筋混凝土结构,传统井壁钢筋混凝土结构使用的混凝土强度等级较低,近些年混凝土等级有了提高,一般在 C50~C80。若采用强度等级低的混凝土,由于其耐久性及抗渗性能较差,大约 70% 的井筒不同程度地出现混凝土井壁环向裂纹、开裂、脱落、渗水、漏水现象,造成井筒不同程度的破坏;深井井筒施工,随着深度增加,井壁混凝土的厚度大幅提高。井壁混凝土厚度提高不仅会增加自重和建设费用,还会因混凝土体积增加,使井壁容易产生裂缝,影响工程的安全和使用寿命,致使企业每年花费数亿元的资金进行修理、加固,影响了矿井的正常、安全生产。

虽然我国的冻结井筒技术有了巨大的进步,但是随着时间的推移,各种不利因素的综合作用,使得井壁结构性能逐渐劣化。通常情况下,外围冻结壁解冻后,大多数井壁随着使用年限的增加会出现少量微裂缝,严重时会发生渗漏水事故。很多矿区的主、副、风井都要穿过厚度较大的表土层,并且这些矿井在使用两年以后出现渗漏水事故,给后期施工和煤层开采工作带来巨大困扰,有的还带有大量泥沙,不仅严重影响了工期,还带来了巨大经济损失。虽然经过多次综合治理后,涌水状况得到很大改善,但是仍然无法根除。例如山东济西煤矿的主、副井,山东金桥煤矿的主井,淮南丁集煤矿主、副、风井,淮南淮北煤矿主、副、风井等均曾面临此类问题。今后,随着新建井筒越过的表土层厚度的增加,外压力将越来越大,井筒耐久性问题将变得更加突出,后果也将更加严重。因此,为了彻底解决这一技术难题,必须进行大量的基础性研究,以明确其机理,为以后遇到同样的问题提供理论支持。

1.1.2　研究意义

随着我国勘探开发不断向深部地层发展,深井、超深井的钻探规模日益扩大,深井、超深井的快速钻井技术已被列入技术攻关范畴。与浅部地层钻井相比,深部工程的地质环境条件及井壁破坏诱发因素更为复杂,从力学角度分析,主要表现为:①深部地层地应力状态复杂;②深部高围压环境作用下,井周的应力集中现象将更为明显,应力集中强度也更大;③高地温环境将会导致井周地层温度发生相对更大的扰动,产生较高的温变应力,进而影响井眼的稳定状况。因此,深部地层高围压、高地温以及外部其他复杂环境耦合作用下的复杂工程地质环境是加剧深井、超深井井壁破坏的主要原因。

20 世纪 80 年代初期,两淮、大屯、兖州、徐州、济宁、宁夏等矿区相继有近 60 个井筒遭受破坏。关于井壁破坏的主要原因,比较一致的看法是地下水位的变化和温度应力引起的竖向附加力。同时深厚表土环境内各类构件或结构还要承受巨大的地压,深部地下土层往往含水丰富、水压大、水头高,所建构件或结构大都存在渗水、淋水、漏水,以及地下水中有害离子侵蚀的问题,第四系地层底部含水层(简称四含)中所含化学元素与混凝土材料发生化学反应,就会引起混凝土井壁的腐蚀破坏,降低混凝土的强度,这一因素在井壁破坏中所起的作用不能忽视。井壁所受的竖向附加力是井壁破裂的外因,井壁混凝土强度的降低是井壁破坏的内因。从已破坏的井壁观察,破坏时大部分伴有渗水,渗水处红色铁锈侵蚀,有的滴水处有"石钟乳"(钙化物)。这些现象说明,地下水对混凝土井壁的确有较强的腐蚀作用。

若井壁混凝土采用传统强度等级混凝土,由于其耐久性及抗渗性能较差,该结构必然会出现不同程度的混凝土裂纹、开裂、脱落、渗水、漏水现象,造成深部地下结构不同程度的破坏,影响结构的安全和使用寿命。高强混凝土是采用严格的施工工艺与优质原材料配制成的,便于浇捣,且不离析、力学性能稳定、早期强度高,并具有韧性和体积稳定性,特别适合高层建筑、桥梁以及暴露在严酷环境下的建筑物使用。采用高强混凝土可以减轻混凝土结构自重,减少材料用量,提高结构耐久性和安全性,节约资源,保护环境,它是解决深厚表土环境各类构件及结构耐久性问题的有效措施,而同时对高强钢筋混凝土井壁结构的可靠性评价与寿命预测进行研究则有助于精准预测井壁的后续使用年限,对井壁的使用具有重要意义。

综上所述,对深厚表土环境中高强钢筋混凝土井壁结构力学性能退化规律以及寿命预测进行研究在立井建设中具有重要意义与广泛的应用前景。

1.2　深厚表土环境中 RC 井壁结构与环境特征

1.2.1　厚度界定

一般来说,50m 厚的表土层即可称为厚表土层。随着技术的不断发展与开采深度的不断增加,本书特作以下定义:将 200m 以内的表土层,定义为厚表土层;将 200~400m 的表土层,定义为中厚表土层;将 400~650m 的表土层,定义为深厚表土层;将超过 650m 的表土层,定义为巨厚表土层。

1.2.2　井壁结构

对于深厚表土层中的钢筋混凝土井壁,普通混凝土强度等级已经不能满足要求,现在运用较多的为高强混凝土、钢板与铸钢等高强材料构成的复合井壁。目前,深厚表土环境中使用较多的钢筋混凝土井壁形式主要有双层高强混凝土井壁、钢板混凝土井壁、钢骨混凝土井壁与铸铁丘宾筒井壁等。同时,随着对表土层中竖向附加力认识的加深,井壁结构又新增了以下几种:滑动井壁、滑动可缩井壁、双层整体可缩冻结井壁、单层整体可缩钻井井壁、内层可缩冻结井壁等。

1.2.3　自然环境

就表土层的含水性、隔水性而言,不同地区环境不同。以徐州、大屯、淮北、淮南矿区为例,这几个地区表土环境基本相同,可大致分为 4 个含水层、3 个隔水层或 7 个隔水层组,情况如下。

(1)第一含水层

第一含水层简称一含。由全新统及上更新统组成,底板埋深一般为 30~80m。岩性主要为粉质黏土、粉土及粉细砂层,局部为中粗砂砾石层。含潜水,局部为承压水。地下水受降水补给影响,季节性变化明显,为农田灌溉和居民生活用水的主要供水含水层。含水层的富水性各地不一,单位涌水量为 1~5L/(s•m)。地下水化学类型主要为 HCO$_3$ 型,矿化度在 0.5g/L 以下,在淮南矿区局部地段水质较差,为 SO$_4$-Cl 型水,矿化度达 1~3g/L。

(2)第一隔水层

第一隔水层简称一隔。位于一含之下,二含之上,为中更新统上部层位。岩性主要为黏土及粉质黏土,偶夹薄砂层透镜体,厚度一般在 10~35m,分布较稳定。黏性土塑性指数为 10.5~31.5,隔水性能良好。

(3)第二含水层

第二含水层简称二含。由中下更新统黏土、粉质黏土及砂砾石层组成,底板埋深大都在 70~120m,含水层富水性差异较大,单位涌水量为 0.1~10L/(s•m)。水质主要为 HCO$_3$ 型,矿化度小于 0.1g/L;局部地带为 SO$_4$ 型水,矿化度可达 3g/L。

(4)第二隔水层

第二隔水层简称二隔。位于二含之下,三含之上,主要为上新统上部层位,局部地区为下更新统底部的黏性土层。起隔水作用的主要为黏土、粉质黏土,厚度为 5~50m,塑性指数为 8.4~40.9。分布面积较广,总体上起到较好的隔水作用。

(5)第三含水层

第三含水层简称三含。由上新统组成,底板埋深一般在 120~330m。含水段岩性以黏土夹砂为主,部分地区为砂、黏土互层状。含水层富水性中等,单位涌水量为 0.1~2L/(s•m)。地下水补给排泄条件差,动态变化季节性不明显,地下水质较上部差,主要为 HCO$_3$、SO$_4$ 及 HCO$_3$-Cl 型水,矿化度为 1~2g/L;大屯矿区主要为 SO$_4$-Ca-Na 型水,矿化度为 3~4g/L。

(6)第三隔水层

第三隔水层简称三隔。位于三含、四含之间,属于中新统上部层位。主要为黏土、粉质黏土,全区分布稳定,厚度在 12~100m,塑性指数为 11.4~37.8,为良好的隔水层。

(7)第四含水层

第四含水层简称四含或底含。由中新统组成,淮南矿区底板埋深为 200~500m,徐州、大屯、淮北矿为 210~250m,兖州矿为 100~200m,一些矿井内底部含水层缺失。大多数矿区底部含水层岩性组成极不均匀,由砾石、砂土、粉土和黏性土组成,砂砾石层中也有较多的粉粒和黏粒。淮南矿区底部含水层砂砾石相对较纯,厚底也较大,单位涌水量可达 0.1~1.5L/(s•m),富水性弱至中等,其他矿区底部含水层富水性差,单位涌水量为 0.1~1 L/(s•m)。地下水类型主要为 HCO$_3$、SO$_4$ 型水,矿化度在 1g/L 左右,局部矿井有矿化度高达 3.0g/L 的 SO$_4$-Cl 型水存在。

兖州矿区松散土层相对较薄,一般为 100~200m,依次划分为上、中、下三个含水层组及其间的上隔和中隔两个隔水层组。上含、中含、上隔、中隔与前述的一含、二含、一隔、三隔组成和含隔水性相似,下含则与前述的四含(底部含水层)组成和富水性类似。

对徐淮矿区深部黏性土的黏土矿物种类及含量进行对比,发现徐淮矿区深部黏土蒙脱石占黏土矿物总量的百分比一般都大于 40%,蒙脱石(或伊蒙混层矿物)与伊利石之和占黏土矿物总量的百分比一般都大于 90%。

徐淮矿区底部含水层砂、砾类土的组成极不均匀。卵石、砾石、砂粒、粉粒、黏粒混杂沉积在一起,形成"泥包砾"状的结构。相比之下,淮南矿区底部含水层中,粗颗粒的卵石、砾石、粗砂含量较张双楼、淮北矿区的多。淮南矿区井筒稳定性较好与这种粒度组成特点是有一定关系的。

1.2.4　力学环境

井壁的外载是设计井壁的主要依据之一。井壁的外载可分为两种:永久荷载和施工荷载。永久荷载有井壁自重、永久地压、生产期间的温度应力、竖向附加力、水平附加力地震荷载等;施工荷载有冻结压力及施工期间的温度应力等。

下面主要介绍一下永久荷载包括的类型。

1. 自重

自重包括井壁、井筒装备和部分井塔的重量,是可确知量。

2. 永久地压

永久地压是指水与土体对井壁的侧向压力。计算永久地压的公式有很多,如普氏公式、秦式公式、哈林克公式、别列赞采夫公式、重液公式等。计算表土地压最常用的是重液公式。

3. 生产期间的温度应力

在冻结井壁施工期间,现浇混凝土井壁时,混凝土温度变化量可达 $40\sim50℃$;冻结壁解冻后,井壁温度升高,按回升至地层温度计算,井壁的平均温度变化也在 $20\sim30℃$。在井筒生产期间,随着季节的变化,进风井风流温度的变化可达 $20℃$ 左右,井壁的平均温度也在 $15℃$ 左右。这些温度的差异必然会在井壁中引起自生温度应力和约束温度应力。温度应力是导致冻结法凿井井壁混凝土产生裂缝的主要原因之一。可采取的预防井壁开裂的措施有:用泡沫塑料板将混凝土与冻土隔开,在内、外壁间铺设塑料板等以减弱内、外层壁间的约束;改外壁现浇为预制井壁等。

在生产期间,井筒内的风流温度变化能引起井筒的热胀冷缩。在高温季节,受通风的影响,井壁温度要高于地层温度,所以井筒会纵向膨胀;在低温季节则反之。当井壁竖向伸长受到周围土层的约束时,井壁内会产生相应的约束压应力;反之,当井壁竖向收缩受到周围土层约束时,井壁将产生约束拉应力。

4. 竖向附加力

以前在设计井壁时设计师认为表土段井壁的自重荷载的 3/4 由井筒周围的土体

分担,而在基岩段则基本不考虑自重荷载。实际上,在特殊地层条件下井壁不仅要承受自重,而且要承受由于含水层疏排水而产生的竖向附加力。

当地层向下的位移大于井壁的位移时,井壁外表面就会受到向下的竖向附加力的作用;反之,则受到向上的竖向附加力的作用。在下述情况下产生竖向附加力:

(1)冻结壁解冻,土层发生融沉时;

(2)表土含水层因疏水产生固结沉降时;

(3)井壁的竖向热胀冷缩受到土层的约束时;

(4)地表水向地下渗透时;

(5)开采工业场地和井筒保护煤柱引起岩石和土层下沉时。

其中情况(1)和(2)是导致近年来华东地区井壁破裂的主要原因。情况(3)实际上是土层对井壁变形产生的约束力。在夏季,井筒内风流温度一般高于地温,井筒受到温度变化影响,会纵向伸长,但由于周围土体的约束作用,井壁内会产生压应力;在冬季,情况则相反。在多雨季节,地表的雨水向下渗透。土层受到水流渗透力的作用而向下移动,对井壁也有向下的竖向附加力作用。但是地表水渗透的深度是有限的,所以由水夯效应引起的竖直附加力的作用范围不大,危害较小,一般可以不考虑。开采工业场地煤柱时,地层的沉降不是轴对称的,因此引起的附加力在井壁的不同方向是不同的。由于开采引起的沉降量较大,如井壁结构不能适应地层的变形,井壁就会受竖向附加力的作用而破坏。

5. 水平附加力

当井筒周围的岩土有相对井筒的水平变形时,井壁会受到水平附加力的作用而产生横向弯曲应力及剪切应力。

6. 地震荷载

地震是发生在地壳内的地质所激发的地层震动。地震波是由震源向各个方向传播的弹性波,它分为纵波和横波两种。地震波通过井壁时会在井壁中产生附加的拉伸、压缩和剪切应力,并且由于井壁与周围土体的密度不同,土体会对井壁产生附加的水平地震和竖向摩擦力。一般地震烈度大于 7 度时就会对地面建筑产生破坏作用。井巷工程居于岩石或土中,周围有一定的约束。由于介质的阻尼作用,地震波对地下工程的影响减小,所以一般来说,地下建筑相对地面建筑具有较好的抗震性能。

从 1987 年开始,我国徐淮地区深厚表土层中煤矿立井井筒相继出现井壁破裂现象,这种新的地质灾害严重影响了矿井生产与安全,并造成了巨大的经济损失。在预防井筒破坏的工作中,不少学者提出了对新建井筒采用新型井壁结构等的技术手段,这些理论成果在矿区也得到成功应用,而对于已破裂井筒的治理,井圈加固、破壁注浆、地面注浆、开设卸压槽等方法已成为主要手段,经过 20 余年的发展,施工工艺也日益成熟。

在破坏后的井壁治理过程中,由于人们对各种治理手段的适用性、经济性和实效性认识不深,以及对地质条件、井筒情况等调查不清,因此仍存在治理措施选择不当、治理方案制定不全面等问题。方案选择的盲目性和局限性直接影响了治理效果,同时造成了不必要的经济损失。如兖州矿区部分井筒经过初次治理,短期内却再次发生破坏。因此,各种工程措施契合破裂井壁的地质与工程条件对合理确定治理方案是十分重要的。

井壁附加应力学说认为,由于含水层失水,表土层压缩沉降,刚性的井筒不能随之压缩变形,所以在井壁产生竖向的附加应力,导致井壁破坏。竖向附加应力是井壁破裂的主要原因。此外,温度变化引起的应力、井壁自重应力等因素也对井筒破坏造成不同程度的影响。煤矿立井井壁破裂现象主要分布在表土层厚度较大的华东地区,破裂位置集中在新生代沉积物同下伏含煤地层的交界处附近,破裂形态相似,呈现压裂状破坏,井壁内壁混凝土呈楔形剥落、掉块,破裂处常见渗水、淋水甚至涌水、冒砂现象。这些特征与华东矿区表土层水文地质和工程地质情况有关。华东地区井田内第四系松散层具有含水层、隔水层相间的多层复合结构。浅部含水层主要受大气降水、地表水补给,排泄方式为大气蒸发、地表水及人工开采等;中部含水层由于其上下隔水层隔水性能良好,且分布稳定,因而与上下含水层之间没有水力联系,底部含水层一般直接覆盖在煤系地层之上,厚度较大,且与上覆各含水层基本无水力联系。由于底部含水层中含有大量黏粒成分,其渗透性不好,底部含水层接受水平方向远距离补给的可能性小,但由于受到下伏煤系基岩裂隙影响,而与其产生水力联系。矿区水位观测资料证实,华东矿区水位降低主要发生在上部含水层和底部含水层,而中部含水层因上下隔水层的存在,不会因失水而水头降低。由于底部含水层受矿井疏水的影响,水位持续下降,变化量大,是影响井筒稳定性的主要因素。

1.3　深厚表土环境中混凝土材料性能退化规律

徐惠[①]综合运用试验、理论分析和数值计算的方法研究混凝土变形运动、硫酸盐扩散和化学反应耦合系统的复杂动力学行为,揭示了硫酸盐腐蚀下混凝土的损伤机理。

刘赞群[②]根据试验结果和理论分析,阐述了混凝土内部不能产生盐结晶破坏的原因。在此基础上,提出了由"灯芯效应"的传输-浓缩过程形成的高浓度、PH 硫酸盐孔溶液区内发生的严重化学侵蚀是导致半埋混凝土中暴露于空气部分较快严重破坏的主要机理。

①　徐惠.硫酸盐腐蚀下混凝土损伤行为研究[D].徐州:中国矿业大学,2012.
②　刘赞群.混凝土硫酸盐侵蚀基本机理研究[D].长沙:中南大学,2009.

高润东[①]通过试验研究了干湿循环作用下混凝土受硫酸钠溶液侵蚀劣化机理,干状态选择在空气中自然干燥、充分结晶,在此基础上考虑了荷载作用的影响,最后进行了硫酸钠溶液侵蚀与亚高温水淬循环、硫酸钠溶液侵蚀与碳化等复合环境作用的研究。

方祥位等[②]研究了水灰比、胶砂比、试件尺寸、预养方式、溶液浓度及温度对混凝土硫酸盐侵蚀速度的影响。结果表明:试件的水灰比越大、胶砂比越小、试件尺寸越小,则硫酸盐侵蚀速度越快,提高养护温度、缩短养护时间可以加快硫酸盐侵蚀速度,硫酸盐侵蚀速度随着硫酸盐溶液浓度增大和温度提高而加快,但当浓度和温度超过某一数值后,硫酸盐侵蚀速度反而减慢。

田浩[③]研究了 C25 混凝土受 10% 硫酸钠溶液一维腐蚀下的强度随侵蚀龄期劣化规律,表明受腐蚀混凝土强度前期的提高主要是因为自身水化作用的贡献,而侵蚀膨胀产物对混凝土强度提高的贡献最大仅为 4%,后期对混凝土造成的破坏是非常显著的;提出了受腐蚀混凝土平均强度预测模型,并通过自有数据和其他文献数据对其进行了验证,同时基于腐蚀厚度对受腐蚀混凝土截面进行分析计算,得到了腐蚀层混凝土的平均强度。

曹健[④]通过对国内外已有硫酸盐侵蚀混凝土试验方法进行比较与分析,根据工程实际环境下混凝土硫酸盐侵蚀的特点,设计了轴压荷载下干湿循环-硫酸盐侵蚀耦合作用混凝土长期性能演变规律的试验方案,建立了硫酸盐侵蚀作用下混凝土轴心受压构件徐变模型。他进一步考虑与干湿循环影响系数相结合,给出了干湿循环-硫酸盐侵蚀下混凝土徐变预测模型。

吴长发[⑤]以掺粉煤灰和防腐剂的混凝土为研究对象,探讨水泥胶砂和混凝土抗硫酸盐侵蚀试验方法及其评价指标,包括国家标准和一些科研院所提出的试验方法,对各种方法的试验参数加以修改,从中得出更为实际、可行的试验参数和相关指标。同时,他借助扫描电镜技术,从微观角度对混凝土抗硫酸盐侵蚀和各种试验方法进行微观机理分析。

张敬书等[⑥]基于混凝土腐蚀层厚度及腐蚀区混凝土抗压强度损失率的概念,建立了硫酸盐环境下混凝土试块的蚀强模型。根据该模型推导出混凝土抗压强度耐腐蚀系数计算公式,同时进行了 3 组全浸泡混凝土的腐蚀试验,并根据试验结果对混凝土抗压强度耐腐蚀系数计算公式进行拟合和参数分析。

① 高润东.复杂环境下混凝土硫酸盐侵蚀微—宏观劣化规律研究[D].北京:清华大学,2010.
② 方祥位,申春妮,杨德斌,等.混凝土硫酸盐侵蚀速度影响因素研究[J].建筑材料学报,2007,10(1):89-96.
③ 田浩.长期浸泡下混凝土硫酸盐传输—劣化机理研究[D].深圳:深圳大学,2015.
④ 曹健.轴压荷载下干湿循环—硫酸盐侵蚀耦合作用混凝土长期性能[D].北京:北京交通大学,2013.
⑤ 吴长发.水泥混凝土抗硫酸盐侵蚀试验方法研究[D].成都:西南交通大学,2007.
⑥ 张敬书,张银华,冯立平,等.硫酸盐环境下混凝土抗压强度耐蚀系数研究[J].建筑材料学报,2014,17(3):369-377.

　　董宜森[①]通过试验模拟干湿循环作用下混凝土受不同质量分数硫酸盐的侵蚀特点,分析了混凝土强度、变形、质量以及表观特征等宏观性能随侵蚀龄期的变化规律,研究了不同侵蚀龄期作用下混凝土双 K 断裂参数的劣化机理,得到了混凝土受硫酸盐侵蚀的深度以及由表及里不同深度处 SO_4^{2-} 含量的分布情况,揭示了硫酸盐对混凝土材料产生损伤的微观机理和损伤演化规律。

　　国外学者也对硫酸盐混凝土的腐蚀进行了相应的研究,但深厚表土环境是一个极其复杂的环境,且内壁与外壁所处的环境各不相同,尤其是内壁,其环境包括气态、液态及固态环境,这三类环境均含有腐蚀性介质,而前面所述学者对于气态与液态介质均未进行相应的检测,仅个别学者对固态介质进行了检测,所以其研究成果均具有一定的局限性。

1.4　深厚表土环境中 RC 井壁结构力学性能退化规律

1.4.1　物理模拟试验

　　对于深厚表土环境中的井壁结构,国外进行了相关研究,同时中国矿业大学也做了大量的研究,崔广心、杨维好、周国庆、吕恒林、王衍森等人对深厚地下表土层进行了较为详细的介绍,并对表土层中的冻结壁和井壁进行了相应的研究,但主要是针对施工过程中冻结壁及井壁的机理,对于井壁耐久性并没有进行相应的研究。

　　李军要[②]研究得出在各种环境作用下,混凝土井壁会出现各种各样的病害,进而逐渐地损伤—劣化。由于化学作用或者电化学作用,混凝土井壁产生碳化、钢筋锈蚀、碱—集料反应以及混凝土自身的化学锈蚀等劣化现象。这些损伤与破坏是遵循一定的机理,相互作用后并经过一定时间的积累,才由量变逐步达到质变的。

　　周廷定[③]针对顺和煤矿副井井壁的腐蚀问题,运用现场调查、现场取样、室内分析等方法对井壁受腐蚀状况进行研究,采用不同测试手段分析了腐蚀产物成分,探讨了井壁腐蚀的影响因素,结合室内有压硫酸钠溶液对砂浆的腐蚀试验,进一步研究了此类腐蚀发生的机理。

　　陈志杰[④]以冻结立井混凝土井壁为研究对象,通过现场实测、理论研究、数值推演、

①　董宜森.硫酸盐侵蚀环境下混凝土耐久性能试验研究[D].杭州:浙江大学,2011.
②　李军要.井壁结构性能劣化机理分析及防治措施研究[D].淮南:安徽理工大学,2012.
③　周廷定.顺和煤矿副井井壁腐蚀破坏机理与防治措施研究[D].徐州:中国矿业大学,2015.
④　陈志杰.冻结施工条件下立井井壁混凝土性能劣化机理与评价[D].北京:北京科技大学,2016.

超声波探测、电镜扫描等方法进行研究,动态分析冻结施工条件下井壁及冻结壁的温度场分布特征及其时空变化规律,探究井壁混凝土的损伤过程和劣化机理。

王军等[①]提出用随机过程表达混凝土与钢筋的抗力衰减模型,推导了基于抗力和荷载为随机过程的井壁时变可靠度功能函数,以此为基础推导出矿井井壁体系可靠度计算可以转化为确定井壁最弱单元可靠度。

纪洪广等[②]研究表明,在我国西部等高矿化地下水地区,矿井混凝土井壁材料在荷载和侵蚀环境中的腐蚀、劣化问题及其对混凝土井壁耐久性的影响将更加突出。在这种严酷条件下服役的混凝土井壁,其损伤与劣化同时受到力学因素、环境因素等双重或多重因素的耦合作用,而且这种力学和化学作用对井壁材料及结构的劣化作用相互促进,使其损伤劣化过程显著加快。

金南国等[③]结合井壁混凝土的服役环境特点,主要从离子、气体、碱－骨料反应、微生物化学作用等方面入手,对井壁混凝土的化学腐蚀进行综述,阐述了井壁混凝土的化学腐蚀机理,总结了井壁混凝土化学腐蚀的相关研究结果。

陈志敏[④]分析了井壁混凝土在施工早期的荷载特征,并根据空间轴对称问题的弹性力学解答及第四强度理论,给出了多轴受力状态下的单轴相当应力。通过实验研究再现了井壁混凝土施工期间的荷载特征,发现井壁混凝土无论是在强度上还是抗氯离子扩散系数上均有一定的变化,进一步揭示了混凝土在早期荷载及负温作用下的损伤机理。

孙兆雄等[⑤]采用宏观和微观研究方法,分析了某水利枢纽工程发电洞竖井混凝土被侵蚀破坏的原因。竖井混凝土发生的是以硫酸酸性侵蚀为主的分解型侵蚀,pH＝3～4 的酸性渗流水对混凝土具有极强烈的侵蚀作用,侵蚀快,破坏性强。

李定龙等[⑥]结合黄淮地区井筒破裂实例,对井壁混凝土腐蚀的内、外部环境条件进行分析,认为渗水过程中对井壁混凝土的腐蚀主要表现为化学腐蚀、应力腐蚀和机械渗流潜蚀,三者均对混凝土强度起削弱作用。受腐蚀混凝土初始裂隙发育控制具有不均匀性或局部性,这种不均匀性腐蚀在井筒破裂过程中扮演了一个至关重要的角色。

宿晓萍[⑦]以吉林西部盐渍土分布区内的混凝土工程为研究对象,结合吉林西部地区

① 王军,高会贤,高志强.深厚冲积层盐害腐蚀下矿井混凝土井壁可靠度研究[J].煤炭技术,2014,33(5):286-288.

② 纪洪广,刘娟红,周晓敏.矿井混凝土井壁材料腐蚀劣化途径及服役安全问题对策研究[C].2011中国材料研讨会论文摘要集,2011:195-199.

③ 金南国,徐亦斌,付传清,等.荷载、碳化和氯盐侵蚀对混凝土劣化的影响[J].硅酸盐学报,2015,43(10):1483-1491.

④ 陈志敏.井壁混凝土在早期荷载与负温作用下的损伤劣化研究[D].北京:北京建筑大学,2013.

⑤ 孙兆雄,葛毅雄.天然硫酸环境水对混凝土的侵蚀例析[J].新疆农业大学学报,2003,15(2):65-71.

⑥ 李定龙,周治安.井壁混凝土渗水腐蚀破坏可能性分析[J].煤炭学报,1996,21(2):158-163.

⑦ 宿晓萍.吉林省西部地区盐渍土环境下混凝土耐久性研究[D].长春:吉林大学,2013.

的气候条件与土壤环境等因素,开展了混凝土耐久性的研究工作,以减少季冻区盐碱土对混凝土工程耐久与安全的潜在威胁,并进一步完善混凝土耐久性研究的理论体系。

从前人研究的成果来看,其对深厚表土环境中井壁结构性能退化规律取得了一定的认识,但研究的对象均为钢筋混凝土材料的退化规律,对于井壁结构整体未见有相关文献进行研究。

1.4.2 数值模拟计算

现有对于深厚表土环境的数值模拟计算主要是进行井壁结构施工过程中温度场变化及力学破坏阶段的模拟。现仅对力学破坏阶段的模拟进行介绍,即外部荷载考虑外部的压力、井壁的自重与竖向附加应力等情况。

吕恒林等[1]建立了钢筋混凝土单层井壁结构破裂的弹塑性理论,利用大型通用结构分析软件 ANSYS 进行了井壁结构的弹塑性数值模拟计算,得到在水平地压、井壁重力以及随时间不断增长的竖直附加力的共同作用下井壁结构内部应力、应变的动态变化过程,探讨了深厚表土中钢筋混凝土单层井壁结构破裂的力学机理,以及裂缝出现的位置和扩展过程,为井壁破裂的治理和预防提供了理论依据。

姚直书等[2]采用有限元软件对内层钢板高强钢筋混凝土复合井壁结构的强度特性进行了数值模拟计算。结果表明,提高混凝土强度等级、增大厚径比和加大内层钢板厚度可显著提高该种井壁的承载能力,而配筋率对井壁承载力影响很小。根据数值模拟计算结果,回归得到了内层钢板高强钢筋混凝土复合井壁承载能力计算公式,可用于该类井壁结构设计参考。

徐敏[3]通过研究分析传统的双层钢板混凝土井壁的设计计算方法——组合筒设计计算方法、哈林克设计计算方法、概率极限状态设计方法的不足,提出建立双层钢板混凝土井壁二维和三维两种力学模型,使用 ANSYS 软件进行数值模拟计算,以确定井壁的极限承载力,通过均匀荷载作用下双层钢板混凝土井壁力学特性分析、非均匀荷载作用下双层钢板混凝土井壁力学特性分析,使用 ANSYS 计算得出均匀荷载下的双层钢板混凝土井壁结构的混凝土最大环向应力,钢板的最大屈服应力。

侯俊友等[4]分析研究得出井壁的竖直附加力与底部含水层渗透系数成正比对数关系,

① 吕恒林,崔广心. 钢筋混凝土井壁与深厚围岩(土)耦合机理的研究 [J]. 煤炭学报,2001 (5):501-506.

② 姚直书,薛维培,程桦,等. 内层钢板高强钢筋混凝土复合井壁在冻结井筒应用研究 [J]. 采矿与安全工程学报,2018,35 (4):663-669.

③ 徐敏. 基于 ANSYS 的双层钢板混凝土井壁力学特性分析及优化设计[D]. 淮南:安徽理工大学,2013.

④ 侯俊友,聂飞. 单层井壁竖直附加力变化规律的数值分析 [J]. 中州煤炭,2012(6):31-34.

与井壁混凝土的弹性模量成正比线性关系;同时发现复合荷载作用下井壁的应力-应变关系是动态变化的,井壁的塑性区是多种荷载耦合作用的结果。因此,减小底部含水层的渗透系数、井壁混凝土的弹性模量,有利于减小井壁的竖向附加力,可增强井壁的可靠性。

张驰等[①]运用 ADINA 有限元程序,对双层钢板约束混凝土钻井井壁在围压作用下的力学性能进行了数值模拟研究。结果表明,在含钢量接近的情况下,随着内、外钢板厚度之比的增大,钢板对混凝土的约束效应更加明显,复合井壁的极限承载力随之提高。这说明仅考虑环向荷载时,将更多的钢板置于井壁内侧更为经济合理。

陈祥福等[②]以实际井筒为例,利用 ANSYS 有限元软件为研究平台,建立了钢筋混凝土双层井壁三维整体式有限元模型,深入研究了随着竖向附加力的变化,井壁破坏时的应力应变情况、塑性区的位置、破裂形态、破裂时间等一系列问题。同时建立了一套对井壁破坏进行预测的数值方法,并结合工程实例进行验证,其结果与实际情况非常吻合。在实际工程中,这种有限元预测方法可以被广泛地应用到我国各个地区的煤炭企业中,为煤炭行业的发展提供一种有益的保障。

上述学者对于井壁结构力学性能进行了数值模拟计算研究,但均未考虑混凝土材料劣化的情况,因此与实际情况相比较有一定的偏差,具有一定的局限性。

1.5 深厚表土环境中 RC 井壁结构可靠性评价及寿命预测

1.5.1 可靠性评价理论及方法

1.可靠性评价理论

结构可靠性是指结构在规定的时间内,在规定的条件下,完成预定功能的能力。根据《工业建筑可靠性鉴定标准》(GB 50144—2019)规定,建筑结构必须满足安全性、实用性和耐久性的要求。建筑结构要求具有一定的可靠性,是因为建筑结构在设计、施工、使用过程中具有各种影响其安全、适用、耐久的不确定性。这些不确定性与结构的几何特性、材料特性、失效准则及人为因素等有关,大致有以下几个方面。

(1)事物的随机性。事物的随机性是指由于事件发生的条件不充分,条件与结果之间不能出现必然的因果关系,从而事件的出现与否表现出不确定性。研究事件随机

---

① 张驰,王新强,和锋刚,等. 双层钢板约束混凝土钻井井壁力学性能数值模拟研究 [J]. 建井技术,2008,29 (5):22-24.

② 陈祥福,申明亮,张勇,等. 厚表土立井井壁破坏数值模拟研究 [J]. 地下空间与工程学报,2010,6 (5):926-931.

性问题的数学方法主要有概率论、随机过程和数理统计。

（2）事物的模糊性。事物本身的概念是模糊的，即一个对象是否符合这个概念是难以确定的。也就是说，一个集合到底包含的哪些事物是模糊的、不明确的，主要表现在客观事物差异的中间过渡中的"不分明性"，即"模糊性"。

（3）事物知识的不完善性。事物是由若干相互联系、相互作用的要素所构成的具有特定功能的有机整体。人们常用颜色来简单地描述掌握事物知识的完善程度，并把事物（或称系统）分为三类：白色系统、灰色系统、黑色系统。对知识的不完善性处理还没有成熟的数学方法，在工程实践中只能由有经验的专家对这种不确定性进行评估，引入经验参数。

结构可靠度的研究始于 20 世纪 30 年代，当时主要是围绕飞机失效现象进行研究。可靠度在结构设计中的应用大概从 20 世纪 40 年代开始。1946 年，弗罗伊詹特（A. M. Freudenthal）发表题为《结构的安全度》的论文，开始比较集中地研究结构可靠度问题。

2. 可靠性评价方法

既有建筑物可靠性评定的基本方法有三类。

（1）基于结构分析的评定方法。

既有建筑物可靠性评定的本质是对未来的预测和判断，其主要评定方法是根据建筑物和环境自身的信息，推断出结构的实际性能以及未来可能发生的变化，推断结构在未来时间里可能承受的作用力，通过结构分析与校核，最终判定建筑物在目标使用期内的可靠性是否满足要求。这是一种基于结构分析的评定方法，在许多方面类似于结构设计中的分析和校核方法。

在实际工程中，结构的分析和校核一般均采用定制的分析和校核方法，有关结构性能和作用的概率特性主要通过它的代表制反映，这种方法可称为结构可靠性评定的实用方法。对于重要的既有结构，必要时可直接采用概率方法评定其可靠性，这时需要根据结构和环境自身的信息，建立作用效应和结构性能的概率分析模型，利用概率方法计算结构的可靠性指标，并通过与目标可靠指标的比较，判定既有建筑物结构的可靠性是否满足要求，这种方法可称为结构可靠性评定的概率方法。

（2）基于结构状态评估的评定方法。

由于建筑物已转变为现实的实体，并经历了一定时间的使用，结构材料、结构构件和结构体系实际的性能在使用的过程中得到了历史的检验，并在一定程度上通过建筑物实际的状态表现出来。在某些情况下，通过检测和评估建筑物实际的状况，如变形、外观等状况，可直接判定建筑物在目标使用期内的可靠性是否满足要求，这是一种基于结构状态评估的评定方法。

鉴定是可靠性评定中判定建筑物的可靠性水平是否满足要求的核心环节，一般来讲，既有建筑物的评定方法或鉴定方法分为三种：传统经验法、实用鉴定法和概率鉴定法。传统经验法基本已被淘汰,我国目前普遍采用的是以《民用建筑可靠性鉴定标准》(GB 50292—2015)和《工业建筑可靠性鉴定标准》(GB 50144—2019)为代表的实用鉴定法,但在一些原则性的规定和具体条款上已引入概率鉴定法的思想。从发展趋势上来讲,概率鉴定法仍然是可靠性鉴定方法发展的方向,其理论基础是既有结构可靠性理论。

《工业建筑可靠性鉴定标准》(GB 50144—2019)是目前最为常用的工业既有建(构)物检测鉴定的国家规范,它适用于:①以混凝土结构、钢结构、砌体结构为承重结构的单层和多层厂房等建筑物;②烟囱、贮仓、通廊、水池等构筑物。其中将工业建筑物的可靠性鉴定评级划分为构件、结构系统、鉴定单元三个层次,其中构件和结构系统两个层次的鉴定评级包括安全性等级和使用性等级评定,需要时由此综合评定其可靠性等级;安全性分四个等级,使用性分三个等级,各层次的可靠性分四个等级。

(3)基于结构试验的评定方法。

在某些特定的情况下,采用基于结构分析和结构状态评估的方法可能都难以对既有建筑物的可靠性作出准确的评定,这时除了进行更深入的调查和精确的分析,还可以考虑使用基于结构试验的评定方法,即通过现场或室内的试验检验或判定结构实际的性能,根据试验和分析的结果判定结构的挠度、裂缝宽度或承载力等是否满足要求。

刘燕竹[①]对冻结井筒高强井壁结构材料性能、几何参数和计算模式的不定性分别进行了研究,在此基础上,对深厚冲积层冻结井筒外层井壁结构抗力进行了统计分析,结果表明井壁结构抗力服从正态分布形式,并最终确定了冻结井筒高强井壁结构抗力的均值和变异系数。对基本荷载和辅助荷载进行荷载效应组合,得到施工期冻结井筒外层井壁荷载和使用期冻结井筒整体井壁荷载的分布函数和参数。基于结构可靠性指标和冻结井壁设计方法,推导出深厚冲积层冻结井筒外层井壁的承载能力极限状态方程,采用"JC法",确定了冻结井筒高强井壁结构的外层井壁目标可靠性指标。

姚亚锋[②]将深厚冲积地层与冻结井筒视为模糊随机力场,采用理论分析、实验室试验、数值模拟、现场实测相结合的方法,深入研究深冻结立井外层井壁结构的可靠性,对提高井筒设计的科学性,确保施工与运行安全,具有重要的理论意义和应用价值。

孙林柱等[③]依据作用于冻结井井壁结构上的荷载,以及井壁结构抗力的统计分析,利用极限状态方程,由"JC法"校准了冻结井井壁结构的可靠性指标,并分析了影响井壁结构可靠度的主要因素。参照《建筑结构设计统一标准》(GBJ 68—84),给出了设计钢筋混凝土冻结井井壁结构设计的概率极限状态表达式。

---

① 刘燕竹. 深厚冲积层冻结井筒外层井壁结构可靠度分析[D]. 淮南:安徽理工大学,2016.
② 姚亚锋. 深厚冲积层冻结立井外层井壁结构模糊随机可靠性研究[D]. 淮南:安徽理工大学,2016.
③ 孙林柱,杨俊杰. 双层钢筋混凝土冻结井壁结构可靠度分析[J]. 建井技术,1997(3):17-21+14.

何伟[①]以童亭副井为例,对腐蚀现象的机理进行研究后,建立了一种基于室内加速腐蚀试验,对腐蚀井壁进行可靠性评价和剩余寿命预测的方法,使用超声平测法和混凝土回弹法,对童亭副井典型部位的腐蚀程度进行评价后,通过腐蚀性水离子成分分析和腐蚀产物、过水面井壁及其附着致密层的物相分析,对井壁腐蚀机理进行了研究。

1.5.2　寿命预测依据及方法

1.寿命预测依据

在混凝土结构耐久性评估和寿命预测之前,最重要的一项工作是对混凝土结构耐久性破坏准则进行选取。目前混凝土结构耐久性评估中,主要有几种寿命准则:①碳化寿命准则,以保护层混凝土碳化,从而失去对钢筋的保护作用,以钢筋开始产生锈蚀的时间作为混凝土结构的寿命;②锈胀开裂寿命准则,以混凝土表面出现沿筋的锈胀裂缝所需时间作为结构的使用寿命;③承载力寿命准则,是考虑钢筋锈蚀等引起的抗力退化,以构件承载力降低到某一界限值作为混凝土结构耐久性极限状态。

关于混凝土结构耐久性寿命预测的研究,目前的理论主要包括三大类:①钢筋脱钝寿命理论,这种理论以侵蚀介质侵入钢筋表面引起钢筋脱钝作为混凝土结构耐久性失效的极限状态,以此来预测结构构件的寿命;②混凝土开裂寿命理论,这种理论以钢筋锈蚀引起钢筋表面混凝土出现裂缝作为失效准则,预测结构构件的寿命;③抗力寿命理论,这种理论以抗力作为时变随机变量,将荷载视为随机变量或随机过程,分析抗力衰减的结构可靠度,通过可靠度指标变化函数来预测结构构件的寿命。

2.寿命预测方法

混凝土结构的使用寿命可定义为建筑结构在正常使用和正常维护条件下,仍然具有其预定使用功能的时间。在进行寿命预测之前,首先需明确其耐久性极限状态,也就是要判断什么情况算作混凝土耐久性失效,这是结构寿命预测的关键。常见的失效准则有碳化失效准则、开裂失效准则、钢筋锈蚀量失效准则,此外还有目前应用较普遍的氯离子临界浓度准则。

混凝土结构的寿命预测方法主要包括:基于经验的预测方法、基于性能比较的预测方法、加速试验预测方法、数学模型预测方法以及随机方法等。目前的预测模型多集中于物理模型、经验模型和数学模型。物理模型基于物质传输理论,结合边界和初始条件进行寿命预测,可采用有限元或有限差分等数值方法进行,但物理模型要求广泛验证,以确保算法的可靠性以及初始边界条件的正确性,在实际工程中还应验证其有效性。经验模型是基于混凝土结构的响应或性能的观察,对已建立的经验模型参数进行量化,模型简单、使用方

①　何伟. 临涣矿区立井井壁腐蚀机理与结构可靠性研究[D]. 北京:北京科技大学,2016.

便,但是经验模型受材料、环境及施工操作的影响较大,且建立的模型与理论基础相差较大。数学模型主要基于混凝土保护层内钢筋锈蚀始发并持续的时间,而钢筋锈蚀的主要原因,目前主要分为碳化理论模型和氯离子渗透理论模型,这两类模型虽已形成统一的理论体系,但它们大都建立在单一因素基础之上,多因素及耦合因素作用下的理论模型较少。

1.6 深厚表土环境中 RC 井壁结构破裂防治技术

杨平[①]研究了卸压槽治理井壁破裂的机理,提出了卸压槽槽高设计方法,并结合临涣矿区卸压槽内压力和变形实测结果,分析了不同卸压槽的卸压效果。理论、应用和实测均证明卸压槽法是治理立井井壁破裂的有效方法。

涂心彦[②]运用理论分析、数值模拟与现场实测等方法,研究分析新义煤矿副井井壁破裂机理和治理技术。针对新义煤矿副井井壁破裂地段及生产地质条件,研究分析井壁破裂的原因和机理,并对破裂段井筒压力进行了现场实测。

王档良等[③]以杨庄煤矿副井为例,对杨庄煤矿副井深厚松散层破裂井壁多次治理效果进行对比分析,结果表明井圈加固＋卸压槽＋化学注浆是目前对深厚松散层井壁破裂治理的较合理方案,单卸压槽方案优于双卸压槽方案,化学类浆液优于水泥类浆液,卸压槽的使用期限为 3~6 年,卸压槽压缩量达到设计值后应当及时更换。

程德全[④]结合邱集煤矿的水文及地质条件进行分析,并通过水平侧向荷载、竖向荷载为控制破坏荷载以及疏水沉降对井壁作用机理的模型试验,得出竖向荷载为控制破坏荷载时,试验结果与现场井壁的破坏形态相似;结合理论分析,得到底部含水层疏水引起上覆土体沉降而作用在外层井壁上的负摩擦力导致井壁的破坏。通过数值计算软件分析,得出内层井壁竖向应力的分布规律,表明卸压槽法修复治理破裂井壁具有可行性。

周扬等[⑤]应用空间轴对称弹性理论建立了相应力学模型的受力分析方法,获得了井壁处于约束治理条件下的圣维南解,计算了某实际井筒在不同大小约束力作用下治理前后的相当应力变化。结果表明,井壁内侧的相当应力在治理前远大于外侧,在治理后获得较大程度的减少,沿径向的相当应力曲线逐渐趋于水平;随着约束力增大,约

① 杨平.卸压槽治理井壁破裂研究[J].岩土工程学报,1998,20(3):19-22.

② 涂心彦.新义煤矿副井井壁治理技术研究[D].徐州:中国矿业大学,2008.

③ 王档良,鞠远江,胡文武.杨庄煤矿副井破裂井壁多次治理效果对比分析[J].煤炭科学技术,2009,37(1):65-68.

④ 程德全.邱集煤矿井筒破裂机理分析及修复加固设计[D].淮南:安徽理工大学,2015.

⑤ 周扬,周国庆,梁化强.井壁约束内壁治理方法的力学分析[J].中国矿业大学学报,2009,38(2):197-202.

束段内缘附近各点的相当应力减小。

夏红春等[1]基于煤矿井壁破裂事故频发的现状,介绍了利用表土层注浆加固法的"缓释"和"抑制"双重效应治理井壁破裂的机理,并对该方法的工程应用情况进行了分析与探讨。研究表明,表土层注浆加固井筒周围的含水层能够有效改善井壁的受力状态,缓释和抑制井壁的竖向附加力,深部的应力缓释效果最明显,向浅部依次递减。注浆过程中,地面变形与井壁受力实测趋势基本吻合。

张印等[2]在介绍了深厚表土层中的井壁破裂现象及特征基础上,分析了竖向附加力对井壁破裂的影响,展望了对破坏井筒及新建井筒的破裂治理和预防破裂的方法与技术。

琚宜文等[3]分析了位于巨厚冲积层表土下,竖井破坏的特点及力学机理。根据井筒破坏的力学机理,设计制定了预防和加固竖井破坏的技术方案卸压套壁法,并通过某一工程施工实例说明该方案的施工特点、效果及适用情况。

张浩[4]根据冻结井可缩性井壁接头的设计原则和方法,针对许疃煤矿新主井和北风井,各设置竖向可缩性井壁接头 1 个,分别位于 357m 和 353m 层位,并得到了冻结井可缩性井壁接头的结构参数,采用模型试验方法,对可缩性井壁接头进行竖向、侧向和三轴加载模型试验,采用数值模拟方法,对可缩性井壁接头的力学特性进行分析,通过数值模拟得到的井壁接头竖向承载力与模型试验结果相比较,验证了数值模拟分析的可靠性。

杨志江等[5]通过数值分析和模型试验研究一种新型井壁可缩装置——管板组合式井壁可缩装置竖向临界荷载的影响因素和计算方法。数值分析结果表明,该装置竖向临界荷载的主要影响因素为内外立板厚度和装置宽度,且临界荷载与内外立板厚度呈线性关系,与装置宽度成反比,得到了该装置竖向临界荷载的计算方法。模型试验结果表明该方法计算结果与试验结果相对误差在 15% 以内。

1.7 存在的主要问题

钢筋混凝土结构绝非单一环境因素作用下引起的损伤与性能退化,而是在环境因

---

① 夏红春,汤美安.表土层注浆加固法防治井壁破裂的机理及应用[J].采矿与安全工程学报,2009,26(4):407-412.

② 张印,周玉华,董永青.深厚表土层中的井壁破裂与治理[J].青岛建筑工程学院学报,2001,22(2):10-12.

③ 琚宜文,刘宏伟,王桂梁.卸压套壁法加固井壁的力学机理与工程应用[J].岩石力学与工程学报,2003,22(5):773-777.

④ 张浩.许疃煤矿改扩建工程冻结井可缩性井壁接头的研究与应用[D].淮南:安徽理工大学,2015.

⑤ 杨志江,韩涛,杨维好.管板组合式井壁可缩装置的竖向临界荷载[J].煤炭学报,2001,36(8):1276-1280.

素与力学因素双重或多重因素的耦合作用下,一个复杂的损伤叠加与交互作用过程,也是引起混凝土耐久性下降和服役寿命缩短或过早退出服役的根本原因。对于一般环境、海洋环境、工业厂房环境等耐久性研究较多,而目前对于深厚表土环境各类材料、构件以及结构,尤其是高强钢筋混凝土井壁结构性能研究较少。

(1)对于深厚表土自然环境中气-液-固-温湿度耦合环境的研究极少,在此环境中的有害介质对高强混凝土腐蚀方面的相关研究几乎没有。

(2)深厚及巨厚表土中不同的土层在不同深度对井壁的竖向附加力摩擦力系数并不相同,现有的研究并不完善。

(3)目前用于井壁结构的高强混凝土强度等级一般在 C90 以下,随着对更深部的矿产资源的开采,需要更高强度等级的混凝土。目前对于 C80 及以上掺粉煤灰及硅灰等双掺混凝土工作性能及力学性能研究较少,对于这种高强混凝土在深厚表土环境中的耐久性研究更为稀缺。

(4)对于钢筋混凝土井壁结构力学性能的数值模拟计算已有相关的研究,但并没有考虑材料劣化后的井壁结构力学性能的数值模拟计算。

(5)对于钢筋混凝土井壁结构力学性能的物理试验已有相关的研究,但并没有对钢筋混凝土井壁结构进行整体的力学性能退化试验。

(6)对于现有钢筋混凝土井壁结构力学性能退化规律的研究仅体现在材料上,且研究的基础并不完善,并没有井壁使用环境的检测结论,因此研究结果具有相当的局限性。对于构件层面来说,钢筋混凝土井壁结构力学性能退化规律依然是一个空白。

(7)对于混凝土结构可靠性评价及寿命预测有部分学者进行了较多的研究,但对于深厚表土环境中高强钢筋混凝土井壁结构可靠性评价指标及寿命预测模型相关参数并不完善,需要进行进一步研究。

1.8 研究内容与技术路线

1.8.1 研究内容

随着地下资源的逐步开发,表土深度也在不断加大,在深厚表土这种特殊的环境下,随着使用年限的增加,构筑物的材料、构件以及结构力学性能均会出现不同程度的退化。考虑这种实际情况,结合现有的研究成果,利用人工环境气候室及相关方法模拟深厚表土环境,对钢筋混凝土井壁材料和构件进行加速腐蚀,并对以下内容展开研究。

(1)深厚表土环境与井壁结构特征。通过现场检测与资料调研,得到深厚表土环境与钢筋混凝土井壁的主要参数,提炼主要特征。

(2)深厚表土环境中高强混凝土劣化后力学性能。配制出单掺粉煤灰与双掺粉煤灰、硅灰的高强混凝土(C60、C80、C100)。研究高强混凝土在深厚表土环境中立方体抗压强度与应力-应变全曲线的时变过程,建立高强混凝土腐蚀层厚度的估算模型;建立高强混凝土受侵蚀后的应力-应变方程;从微观角度分析劣化高强混凝土的物质组成与化学成分。

(3)深厚表土环境中钢筋混凝土井壁结构力学性能。

(4)深厚表土环境中钢筋混凝土井壁结构劣化后的力学性能。研究井壁结构原型及井壁结构力学性能退化后的开裂荷载、裂缝发展情况、井壁结构极限承载力、最大位移等,并与数值计算结果进行对比分析。

(5)深厚表土环境中井壁结构力学性能退化规律。从混凝土材料性能的角度分析损伤劣化机理;建立相应混凝土损伤演化模型与本构模型;分析井壁结构力学性能的退化规律,得到深厚表土层与基岩交界的井壁处应力场分布。

(6)深厚表土环境下井壁结构的可靠性评价与寿命预测方法。对井壁结构的可靠性评价与寿命预测方法进行研究,得到钢筋混凝土井壁结构在不同混凝土强度与荷载条件下的可靠指标与失效概率,分析影响混凝土结构可靠性的因素,对钢筋混凝土井壁结构进行相应的寿命计算。

1.8.2　技术路线

(1)现场调研、查阅相关资料:分析国内外与研究课题相关的科研现状,确定可参考内容和存在的不足,确立课题的研究内容及技术路线。

(2)物理试验:进行现场检测和研究分析,确立物理试验方法,从材料、构件层次开展物理试验。

(3)数值计算:根据试验得到的相关数据,确立数值计算参数,对钢筋混凝土井壁结构原型、劣化及防治后力学性能进行数值计算。

(4)理论分析:对现场检测结果、理论分析结果、物理试验结果及数值计算结果进行综合分析,分析其相似性并进行相关理论研究,总结创新成果,并将研究成果应用于工程实际。

具体如图 1-1 所示。

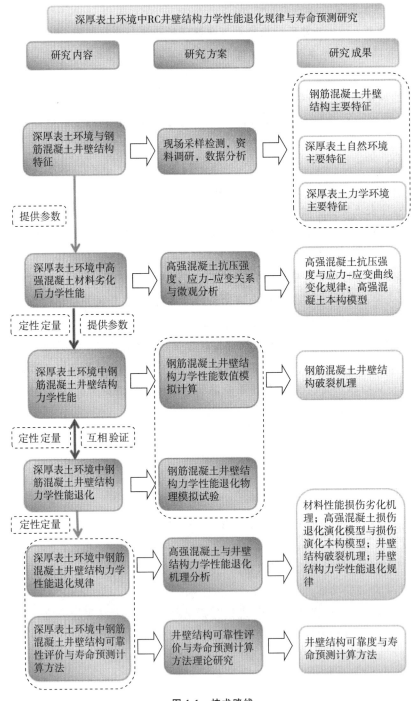

图 1-1 技术路线

第 2 章

深厚表土环境中 RC 井壁
结构与环境特征分析

本章在现有通用技术和设备的基础上,采用物理、化学等测试手段对部分矿区的井筒以及所处的环境进行调研与检测,提炼 RC 井壁的主要结构参数与所处自然环境和力学环境的主要特征,为物理试验、数值计算以及井壁结构退化规律研究提供原始参数与验证对象。

2.1 测试方案

通过对深厚表土环境中的 RC 井壁结构参数与井壁环境进行调研和测试,提炼主要特征,研究井壁结构参数与井壁环境对井壁结构作用的主要因素,为后续试验与理论分析提供基础参数。

2.1.1 井壁结构参数

主要对巨野煤矿的龙固、郓城、郭屯、赵楼、万福五大井区以及鲍店井区、济宁二号井井区的钢筋混凝土井壁设计图纸进行审查,得到钢筋混凝土井壁结构的各项参数。

2.1.2 井壁自然环境

井壁的自然环境分为内部环境与外部环境。内部环境主要是对气体、液体、固体三种介质与温湿度进行测试,外部环境主要采取对岩土工程勘查图纸进行审查的方式进行测试。

对各煤矿井筒内气体用铝箔复合膜采样袋收集,带回实验室后利用相关仪器(美国安捷伦气相色谱与质谱联用仪 HP7890/5975)进行测试。氦气为载气,流速

1.0mL/min;分流比 20：1;进样口温度 250℃;EI 源,离子化电压 70eV。取气体样品(200L)直接进样分析,利用标准谱图库进行对比鉴定,利用归一法面积比值计算各物质的相对含量。

对各煤矿井筒内水样用干净纯净水瓶装好后送到矿大岩土公司进行检测,方法主要有 EDTA 容量法、纳氏试剂比色法、硝酸银滴定法、硫酸钡重量法与酸滴定法。

对各煤矿风井井筒混凝土表面物质取样后在实验室进行分析,将现场取好的表面物质粉碎,压片制备,进行化学成分分析。

对温湿度的测试主要是用温湿度测试仪对井壁内部的温湿度环境进行测试。

2.1.3　井壁力学环境

主要采取对岩土工程勘查图纸进行审查的方式进行审查,然后通过理论分析、计算的方式得到井壁所处的力学环境。

2.2　井壁结构参数

主要选取山东巨野及周边主要产煤矿井进行研究,包括巨野煤矿的龙固、郓城、郭屯、赵楼、万福五大井区以及济宁二号井井区、鲍店井区。其中龙固井区有四条立井,郓城井区有三条立井,郭屯井区有三条立井,赵楼井区有三条立井,万福井区有三条立井,济宁二号井井区有三条立井,鲍店井区有四条立井。立井井筒建造年代、表土段深度、几何条件与材料基本参数见表 2-1～表 2-7。

表 2-1　龙固井区各立井井筒的基本参数

		单位	主井 1	主井 2	副井	南风井
井筒建成日期			2007.5	2007.5	2008.5	2007.5
施工方法			钻井法	钻井法	冻结法	钻井法
井口深度		m	674.50	674.70	622.20	648.30
表土段深度		m	568.69	564.57	568.60	567.92
井筒直径		m	10.00	10.00	6.00	6.00
表土段井壁厚度	外壁	m	1.10	1.10	1.10	1.10
	内壁	m	1.05	1.05	1.05	1.05

	单位	主井 1	主井 2	副井	南风井
表土段井壁结构形式		双层钢筋混凝土	双层钢筋混凝土	双层钢筋混凝土	双层钢筋混凝土
混凝土强度等级		C30～C70	C30～C70	C30～C70	C30～C70
混凝土保护层厚度	mm	75			
钢筋强度等级		HRB335 与 HRB400			
钢筋配筋率		竖向 0.32%～0.67%，环向 0.32%～0.71%，径向 0.1%			

表 2-2　郓城井区各立井井筒的基本参数

	单位	主井	副井	风井
井筒建成日期		2006.7	2007.4	2007.4
施工方法		冻结法	冻结法	钻井法
井口深度	m	674.70	622.20	648.30
表土段深度	m	535.69	536.63	537.92
井筒直径	m	10.50	6.50	6.50
表土段井壁厚度 外壁	m	1.10	1.10	1.10
表土段井壁厚度 内壁	m	1.05	1.05	1.05
表土段井壁结构形式		双层钢筋混凝土	双层钢筋混凝土	双层钢筋混凝土
混凝土强度等级		C30～C65	C30～C65	C30～C65
混凝土保护层厚度	mm	75		
钢筋强度等级		HRB335 与 HRB400		
钢筋配筋率		竖向 0.30%～0.66%，环向 0.30%～0.69%，径向 0.1%		

表 2-3　郭屯井区各立井井筒的基本参数

	单位	主井	副井	风井
井筒建成日期		2006.7	2007.8	2007.9
施工方法		冻结法	冻结法	钻井法
井口深度	m	674.70	622.20	648.30
表土段深度	m	585.69	588.60	587.92
井筒直径	m	10.50	8.00	8.00
表土段井壁厚度 外壁	m	1.10	1.10	1.10
表土段井壁厚度 内壁	m	1.05	1.05	1.05

续表

	单位	主井	副井	风井
表土段井壁结构形式		双层钢筋混凝土	双层钢筋混凝土	双层钢筋混凝土
混凝土强度等级		C30～C75	C30～C70	C30～C70
混凝土保护层厚度	mm	75		
钢筋强度等级		HRB335 与 HRB400		
钢筋配筋率		竖向 0.31%～0.68%,环向 0.31%～0.70%,径向 0.1%		

表 2-4　赵楼井区各立井井筒的基本参数

		单位	主井	副井	风井
井筒建成日期			2007.7	2007.4	2007.7
施工方法			冻结法	冻结法	冻结法
表土段深度		m	473.00	475.00	475.00
井筒直径		m	7.00	7.20	6.50
表土段井壁厚度	外壁	m	0.85	0.85	0.85
	内壁	m	0.90	0.90	0.90
表土段井壁结构形式			钢筋混凝土复合井壁	双层钢筋混凝土	双层钢筋混凝土
混凝土强度等级			C30～C65	C30～C65	C30～C65
混凝土保护层厚度		mm	65		
钢筋强度等级			HRB335 与 HRB400		
钢筋配筋率			竖向 0.29%～0.65%,环向 0.29%～0.69%,径向 0.1%		

表 2-5　万福井区各立井井筒的基本参数

		单位	主井	副井	风井
井筒建成日期			—	—	—
施工方法			冻结法	冻结法	冻结法
井口深度		m	876.43	848.00	852.00
表土段深度		m	752.69	751.80	752.69
井筒直径		m	9.70	12.10	10.6
表土段井壁厚度	外壁	m	1.10	1.30	1.20
	内壁	m	1.00	1.25	1.10
表土段井壁结构形式			双层钢筋混凝土	双层钢筋混凝土	双层钢筋混凝土

续表

	单位	主井	副井	风井
混凝土强度等级		C30～C80 (0～600m)、 CF80～CF90 (600～876m)	C30～C70 (0～580m)、 CF80～CF90 (580～849m)	C30～C70 (0～630m)、 CF80～CF85 (600～852m)
混凝土保护层厚度	mm	75		
钢筋强度等级		HRB335 与 HRB400		
钢筋配筋率		竖向 0.30%～0.69%，环向 0.30%～0.72%，径向 0.1%		

表 2-6　济宁二号井井区各立井井筒的基本参数

		单位	主井	副井	风井
井筒建成日期			1979.5	1979.11	1979.8
施工方法			冻结法	冻结法	冻结法
井口深度		m	474.70	502.20	248.30
表土段深度		m	158.14	158.60	157.92
井筒直径		m	6.50	8.00	5.00
表土段井壁厚度	外壁	m	0.45	0.40	0.60
	内壁	m	0.40	0.40	0.40
表土段井壁结构形式			双层钢筋混凝土	双层钢筋混凝土	双层钢筋混凝土
混凝土强度等级			C30～C45	C30～C45	C30～C45
混凝土保护层厚度		mm	30		
钢筋强度等级			Ⅱ级		
钢筋配筋率			竖向 0.23%，环向 0.335%		

表 2-7　鲍店井区各立井井筒的基本参数

		单位	主井	副井	南风井	北风井
井筒建成日期			1979.5	1979.11	1979.8	1979.10
施工方法			冻结法	冻结法	冻结法	冻结法
井口深度		m	474.70	502.20	248.30	236.20
表土段深度		m	148.69	148.60	157.92	202.56
井筒直径		m	6.50	8.00	5.00	5.00
表土段井壁厚度	外壁	m	0.60	0.55	0.40	0.40
	内壁	m	0.40	0.55	0.40	0.40
表土段井壁结构形式			双层钢筋 混凝土	双层钢筋 混凝土	双层钢筋 混凝土	双层钢筋 混凝土

续表

	单位	主井	副井	南风井	北风井
混凝土强度等级		C30～C45	C30～C45	C30～C45	C30～C45
混凝土保护层厚度	mm	30			
钢筋强度等级		Ⅱ级			
钢筋配筋率		竖向 0.23％，环向 0.335％			

由上述调研结果可知,鲍店井区与济宁二号井井区的表土段深度均在 200m 左右,与其他几个矿区相比较浅,所以混凝土强度等级设计为 C30～C45 即可满足井壁安全性要求,而龙固、郓城、赵楼及万福井区表土层深度达到 475～750m,一般混凝土达不到设计及使用要求,所以均采用了高强混凝土,强度等级为 C60～C80,万福井区更是采用了钢纤维混凝土,最大强度等级达到了 CF90。20 世纪 70 年代设计的井壁均未考虑耐久性的要求,所以混凝土保护层厚度均较薄,而近年来新建的龙固、郓城、郭屯、赵楼、万福井区井壁均考虑了这方面的要求,混凝土保护层厚度达到了 65～75mm。

根据调研与查阅相关文献可知,竖向钢筋对于井壁抗压承载力的提高为 0.04～0.06,井壁破坏主要是由于竖向附加力逐年增加导致混凝土压碎所致,所以本课题只对混凝土进行耐久性试验,不考虑钢筋的耐久性。

综合分析 500m 深厚表土环境中井壁结构的尺寸资料,其内壁、外壁的基本情况见表 2-8。

表 2-8　内壁、外壁基本参数

井壁最大外径/mm	内壁				外壁			
	深度/m	混凝土厚/mm	混凝土强度	配筋率/(×10⁻³)环/纵/拉	深度/m	混凝土厚/mm	混凝土强度	配筋率/(×10⁻³)环/纵/拉
11400	0～120	500	C30	3.0/3.0/—	0～90	500	C30	3.0/3.0/—
	120～160	500	C40	3.0/3.0/—	90～170	500	C40	3.0/3.0/—
	160～220	700	C40	3.5/3.1/—	170～220	700	C40	3.5/3.1/—
	220～280	700	C50	3.5/3.1/—	220～260	700	C50	3.5/3.2/—
	280～340	900	C50	3.5/3.1/—	260～340	900	C50	3.5/3.2/—
	340～420	1000	C55	6.7/6.3/1.0	340～380	1000	C55	6.7/6.3/1.0
	420～460	1050	C55	6.7/6.3/1.0	380～440	1050	C55	6.7/6.3/1.0
	460～500	1050	C60	6.7/6.3/1.0	440～500	1100	C60	6.7/6.3/1.0
	500～600	1050	C65	6.9/6.3/1.0	500～530	1100	C65	6.9/6.3/1.0

2.3　井壁自然环境

2.3.1　内部环境

1. 气体环境

通过现场收集气体,然后在实验室对收集的气体进行分析,其结果见表 2-9。

表 2-9　气体介质含量检测结果

采样地点		H_2S	HCl	SO_2	NO_2	Cl_2	CO_2	CO_2
		\multicolumn{6}{c} mg/m³					$\times 10^{-6}$
赵楼煤矿	风井与主回风巷道交界	16.94	60.58	16.86	9.87	34.90	14817.60	7543.50
	副井与主巷道交界	1.92	13.46	4.31	4.24	0.00	1542.60	785.30
	主巷道	2.21	10.30	3.02	5.09	0.00	1681.20	855.90
龙固煤矿	南风井地上井口(梯子间)	5.23	54.06	2.45	6.66	0.00	13478.10	6861.60
	副井与主巷道交界	2.34	11.51	2.36	5.60	0.00	1237.10	629.80
	主井地上井口	4.81	16.06	3.86	4.08	0.00	932.60	474.80
济宁二号井煤矿	风井与主回风巷道交界	7.42	47.30	3.44	15.30	0.00	14063.70	7159.70
	副井与主巷道交界	3.27	10.90	1.95	3.70	0.00	1299.00	661.30
鲍店煤矿	南风井地上井口(梯子间)	5.65	63.90	1.36	11.00	0.00	14174.70	7216.20
	副井地上井口	3.16	14.60	1.07	6.90	0.00	1379.90	702.50
郭屯煤矿	风井地上井口(梯子间)	5.41	48.20	4.11	6.70	0.00	14806.20	7537.70
	副井与主巷道交界	2.52	23.20	1.75	13.60	0.00	1411.10	718.40
郓城煤矿	风井与主回风巷道交界	6.53	22.60	3.08	6.10	0.00	9702.20	4939.30
	副井与主巷道交界	4.07	10.70	2.43	6.90	0.00	1105.30	562.70
张集煤矿	风井与主回风巷道交界	6.40	58.80	9.00	1.20	8.90	10238.30	5212.20
	复合井与巷道交界	0.11	10.43	2.02	0.07	1.46	1345.41	684.94

(1)按测试地点分析。

由表 2-10 可知,在各测点所采集的气态介质中,CO_2 含量最大,然后依次为 HCl、NO_2、H_2S、SO_2,个别煤矿井筒内发现 Cl_2。由检测结果可知:所有检测地点的 HCL 浓度均大于 5.00mg/m³(规范所规定的腐蚀标准),H_2S 浓度均大于 1.00mg/m³,赵楼煤

矿与张集煤矿的 Cl_2 浓度大于 $1.00mg/m^3$，达到强或中等腐蚀程度。所有测试地点的 SO_2 浓度介于 $1.22 \sim 8.06mg/m^3$，H_2S 气体浓度介于 $3.25 \sim 7.02mg/m^3$，NO_2 的浓度介于 $0.64 \sim 10.15mg/m^3$，为强或中等腐蚀程度。CO_2 气体环境中最大的浓度为 $8108.65mg/m^3$，大于 $2000mg/m^3$，为中腐蚀程度。正常的空气中，CO_2 体积比为 300×10^{-6}，所检测空气中的 CO_2 浓度最大达到空气中的 $17 \sim 27$ 倍。气态介质的腐蚀作用效果受到相对湿度的影响较大。在气态介质中，CO_2、H_2S、SO_2、NO_2、HCl 和 Cl_2 均为比较大的影响因素。

表 2-10 各测试地点气态介质含量

采样地点	H_2S	HCl	SO_2	NO_2	Cl_2	CO_2	CO_2
	mg/m³						$\times 10^{-6}$
赵楼煤矿	7.02	28.11	8.06	6.40	11.63	6013.8	3061.57
龙固煤矿	4.13	27.21	2.89	5.45	0.00	5215.93	2655.40
济宁二号井煤矿	5.35	29.10	2.70	9.50	0.00	7681.35	3910.50
鲍店煤矿	4.41	39.25	1.22	8.95	0.00	7777.30	3959.35
郭屯煤矿	3.97	35.70	2.93	10.15	0.00	8108.65	4128.05
郓城煤矿	5.30	16.65	2.76	6.50	0.00	5403.75	2751.00
张集煤矿	3.25	34.62	5.51	0.64	5.18	5791.86	2948.57

（2）按测试位置分析。

由表 2-11 可知，在各测试位置中，风井中有害气态介质含量平均值要大于副井与主井的含量平均值，主井与副井的气态介质含量平均值相差基本接近。参照《工业建筑防腐蚀设计标准》(GB/T50046—2018)，当相对湿度达到 75% 以上时，气态介质中的 HCl、Cl_2、NO_2、SO_2、H_2S 均为强腐蚀程度。其中，风井中 CO_2 的浓度约为主井与副井中 CO_2 浓度的 10 倍，主要原因为一般煤矿的副井与主井主要为进风口（有些主井为出风口），而风井为煤矿挖掘后所产生的气体统一出风口，所以 CO_2 的浓度较主井与副井大。

表 2-11 各测试位置气态介质含量

采样地点	H_2S	HCl	SO_2	NO_2	Cl_2	CO_2	CO_2
	mg/m³						$\times 10^{-6}$
风井	7.70	50.80	5.80	8.10	6.30	13040.10	6638.60
副井	2.88	14.06	2.31	6.82	0	1329.17	676.67
主井	3.51	13.18	3.44	4.585	0	1306.90	665.35

将分析结果与煤矿地面工业环境中气体环境检测结果相对比，发现有害气体介质种类均相同，仅相对含量不同。空气由副井进入后经巷道到达采煤工作面后循环，将采矿过程中产生的有害气体介质带走，最后经由风井（有些煤矿包括主井）排出去。现将采矿与气体流通示意图绘制如图 2-1～图 2-2 所示。

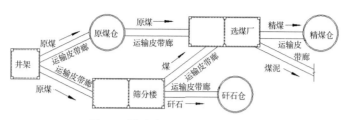

图 2-1　煤矿地面工业环境煤的运输

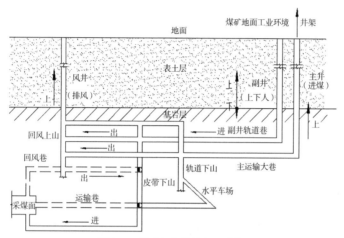

图 2-2　采矿与气体流通示意图

2. 液体环境

对各煤矿井筒内水样用干净纯净水瓶装好后送到矿大岩土公司进行检测,检测结果见表 2-12。采样地点均为风井内。

表 2-12　各煤矿水样检测结果　　　　　　　　　　　单位:mg/L

分析项目		赵楼采样	龙固采样	济宁二号井采样	郭屯采样	郓城采样	平均值	分析方法
阳离子	Ca^{2+}	162.32	124.25	42.08	24.03	126.05	95.75	EDTA 容量法
	Mg^{2+}	43.74	18.23	4.86	2.43	8.51	15.55	EDTA 容量法
	NH_4^+	0.33	0.32	2.98	2.50	3.55	1.94	纳氏试剂比色法
阴离子	Cl^-	86.36	42.15	160.38	56.17	91.50	87.31	硝酸银滴定法
	SO_4^{2-}	1971.15	1554.33	3390.80	1526.34	1916.20	2071.76	硫酸钡重量法
	HCO_3^-	143.40	372.22	350.87	524.41	848.18	447.82	酸滴定法
	CO_3^{2-}	0.00	0.00	12.00	0.00	0.00	2.40	酸滴定法
	OH^-	0.00	0.00	0.00	0.00	0.00	0.00	酸滴定法

由表 2-12 可知,液态介质中所含的阴离子以 SO_4^{2-} 含量最大,最大达到 1971.15mg/L

（赵楼采样）；阳离子中以 Ca^{2+} 和 Mg^{2+} 含量较大，分别为 162.32mg/L、43.74mg/L（赵楼采样）。

参照《工业建筑防腐蚀设计标准》（GB/T 50046—2018）相关规定，在液态介质浓度最大的测点，SO_4^{2-} 浓度为 1971.15mg/L，Ca^{2+} 浓度为 162.32mg/L，Mg^{2+} 浓度为 43.74mg/L，折合后的 $CaSO_4$ 与 $MgSO_4$ 总质量浓度远小于 1%。因而可知所有测试点的钙、镁的硫酸盐浓度远小于 1%。参照《岩土工程勘察规范》（GB 50021—2001）（2019年版），井筒内各测点所处环境类型为Ⅲ类环境。各测点 SO_4^{2-} 腐蚀等级均为弱腐蚀程度，所有测点的 Mg^{2+} 均为微腐蚀程度。

3.固态环境

对各煤矿风井井筒混凝土表面物质取样进行化学成分检测，主要检测结果见表 2-13。

表 2-13　各煤矿固体样本检测结果

分子式	Z	取样地点（含量/%）			
		赵楼采样 1	鲍店采样 1	济宁二号井采样 1	郓城采样 1
Al_2O_3	13	6.16	15.06	11.30	12.40
CaO	20	33.00	2.47	4.085	12.39
Cl	17	0.921	0.0686	1.35	0.179
CO_3	6	25.00	42.00	52.50	38.60
Cr	24	0.021	0.011	—	—
Fe_2O_3	26	2.201	5.388	4.527	4.126
K_2O	19	1.37	1.31	0.757	1.26
MgO	12	2.02	0.809	0.969	1.1
Mn	25	0.0378	0.106	0.0563	0.0643
Na_2O	11	4.6	0.326	1.24	0.754
P	15	0.023	0.0758	0.0614	0.061
S	16	1.67	0.455	0.584	0.402
SiO_2	14	22.75	31.05	21.61	27.9

由表 2-13 的检测结果可知，风井井壁中 RC 构件表面附着物主要成分为 SiO_2、CaO、Al_2O_3、Na_2O 与 Fe_2O_3 等。参照《工业建筑防腐蚀设计标准》（GB/T 50046—2018）相关规定，当相对温度达到 75% 时，固态介质中钠、钾的硫酸盐为中等或弱程度腐蚀，硫酸镁为中等或弱程度腐蚀。从现场取样分析的结果可以看出 Cl 的含量均少，各类氯化物的腐蚀作用为中等和弱程度腐蚀。

4.温湿度环境

在煤矿各采样地点利用温湿度计进行温湿度检测,检测结果见表 2-14。由检测结果可知,风井内温度常年较高,湿度相当大,在该环境下气体有害离子对混凝土均达到了强腐蚀强度。主井与副井井筒温度主要介于 $12\sim22℃$,湿度介于 $20\%\sim60\%$。

表 2-14　各煤矿温湿度检测结果

采样地点		温度/℃	湿度/%
赵楼煤矿	风井与主回风巷道交界	36	96
	副井与主巷道交界	21	60
	主巷道	22	58
龙固煤矿	南风井地上井口(梯子间)	36	95
	副井与主巷道交界	21	50
	主井地上井口	12	30
济宁二号煤矿	风井与主回风巷道交界	35	95
	副井与主巷道交界	19	50
鲍店煤矿	南风井地上井口(梯子间)	35	93
	副井地上井口	13	20
郭屯煤矿	风井地上井口(梯子间)	36	95
	副井与主巷道交界	18	35
郓城煤矿	风井与主回风巷道交界	37	75
	副井与主巷道交界	20	40

2.3.2　外部环境

1.水文地质条件

查阅相关煤矿水文地质资料,500m 深水、土温度一般为 $23\sim25℃$,同时得到以下水中离子检测结果(见表 2-15)。

表 2-15　各煤矿水中离子检测结果　　　　　　　　　　　单位:mg/L

分析项目		鲍店煤矿			郭屯煤矿风井	郓城煤矿副井	万福煤矿风井	平均值
		副井井筒	副井复检	风井井筒				
阳离子	$Na^+ + K^+$	1369.08	994.11	985.94	1005.21	845.32	1131.62	1055.21
	Mg^{2+}	59.85	260.39	7.03	115.32	85.51	32.84	93.49
	NH_4^+	0.33	1.30	0.70	2.50	3.55	1.60	1.66
	Ca^{2+}	229.45	411.18	14.77	263.32	135.25	46.11	183.35

续表

分析项目		鲍店煤矿			郭屯煤矿风井	郓城煤矿副井	万福煤矿风井	平均值
		副井井筒	副井复检	风井井筒				
阴离子	Cl^-	139.43	155.63	259.35	56.17	191.50	307.35	184.91
	SO_4^{2-}	3226.46	3715.51	1236.45	1985.45	2536.20	1513.45	2368.92
	HCO_3^-	258.20	173.6	527.50	312.12	148.18	814.86	372.41
	CO_3^{2-}	0.00	0.00	78.84	0.00	0.00	39.19	19.67
	OH^-	0.70	0.01	0.00	0.00	0.00	0.00	0.12

由上述检测结果可知,所检测的井筒周围地下水水质类型一般为 SO_4^{2-}、Na^+、Mg^{2+} 型与 SO_4^{2-}、Na^+ 型,且浓度相对较高。

2. 第三系、第四系工程地质

赵楼井区(以主井为例)冲积层第三系与第四系冲积层总厚度达 473m;第三系黏土层厚度在 236.9～473m,黏土层累计厚度为 223.15m,占 94.52%,黏土层多且厚;黏土层膨胀性强。其中,深度 400～420.2m 的黏土层自由膨胀率达 63.5%～93%,膨胀力一般在 126kPa 以上,最高达 551kPa(406m、418.9m);深 448m 处黏土层的自由膨胀率为 88%,膨胀力为 306kPa;深 458m 时自由膨胀率为 71.5%,膨胀力为 407kPa。深部土层不利于冻结施工;深厚厚黏土层具有含水量低、膨胀性强、结冰温度低、冻土抗压强度低、冻胀大等不利于冻结施工的特点。

龙固煤矿(以副井为例)第四系冲积层厚 152.6m,主要为细砂、粉砂、砂质黏土、黏土;新近系深度 675.60m,厚 523m,主要由厚层黏土、砂质黏土、黏土质砂及砂层组成,与下伏地层呈不整合接触。其下部黏土层主要特点有:深部黏土层含水量少,尤其是 500m 深度以下的黏土层含水量平均只有 14.3%。含水量最少的是 525～536.8m 和 566～566.2m 处的 2 段黏土层,含水量分别为 11.66% 和 11.47%;黏土层自由膨胀率高(382.9～388m 段高达 115.4%)、膨胀力大(542～546m 段高达 507.77kPa);黏土层冻胀量、冻胀力均较大。黏土层冻结后,具有较高的强度。与邻近的金桥煤矿、梁宝寺煤矿相比,同等低温(-15℃)下,黏土层冻土强度较高(金桥煤矿 3.43MPa,梁宝寺煤矿为 5.22MPa,龙固副井最下部为 5.09MPa)。

济宁二号井井区(以副井为例)表土层段主要由黏土、砂质黏土、黏土质砂及砂砾组成,属冲积湖泊相沉积,整个表土层分为上、中、下三组,其中中组为隔水层,上组有两个含水层,下组有三个含水层,含水层属第四系砂砾含水层,含水量十分丰富。表土层以下为侏罗系地层,主要由砂岩、粉砂岩间夹泥岩组成,该地层局部裂隙发育且多为高角度剪胀裂隙,是基岩主要含水层。整个矿区断层较多,上下水的垂直联系比较紧密。

鲍店井区(以主井为例)穿过总厚度为 148.69m 的第四系冲积层,该段井壁厚度为 1.0m。冲积层共有 3 个含水层,上组含水层厚 57.15m,主要由砂砾及黏土组成,含水及透水性好,主要受大气降水和工农业抽水的影响;中组含水层厚 63.73m,主要由黏土、黏土质砂层、含砾黏土等组成,含水及透水性差,为相对隔水层,其水位既不受地下开采的影响,也不受大气降水和抽水的影响;下组含水层厚 30.81m,主要由砂、砂质黏土及黏土组成,黏土质含量较低,含水及透水性好,是目前矿井开采中重要的间接充水含水层,水位受煤炭开采影响而下降。

郭屯井区(以主井为例)冲积层第四系与上第三系冲积层总厚度达 587m;第四系松散层厚 136.10～138.30m,共分为 24～27 层。第四系松散层未固结,主要为软塑性黏土、砂质黏土及松粉砂、细砂层。上第三系松散层黏土类呈半固结状,具硬塑性黏土、软塑性黏土及膨胀性黏土、钙质黏土及砂层,砂层松散流动性强,上部及下部砂层厚度大,为粗砂,黏土层厚度较大,夹有块状、柱状石膏晶体,遇水易崩解松散。土的膨胀性第四系黏土层弱于上第三系黏土层。第四系黏土自由膨胀率为 25%～28%,膨胀力为 38～108kPa;上第三系黏土自由膨胀率为 0～97.5%,膨胀力为 51～541kPa。黏土矿物成分分析表明:黏土矿物主要为伊利石、蒙脱石混层和部分蒙脱石。伊利石、蒙脱石混层占 32%～75%,绿泥石占 15%～35%,伊利石占 3%～29%,高岭石占 1%～29%。第四系上第三系松散层厚度大,且黏土所占比例高、膨胀量大,特别是第三系下部厚黏土层,呈半固结状,含水量低,对井筒冻结施工不利。

郓城煤矿(以副井为例)穿过 536.63m 的深厚冲积层,地层分布具有以下特点:黏性土层(黏土、粉质黏土)总厚度为 358.94m,占地层总厚度的 66.9%,其中黏土总厚度为 296.82m,占地层总厚度的 55.3%,400m 深度以下黏性土层总厚度为 103.86m,占该深度段土层总厚度的 76%,其中黏土总厚度为 87.36m,占该深度段地层总厚度的63.9%。300m 深度以下存在多个连续分布的黏性土层,分别为 334.42～358.68m、370.5～407.85m、413.45～436.81m、439.23～472.01m(含 0.85m 的薄细砂层)、477.32～516.28m;厚度分别为 24.26m、37.35m、23.36m、25.53m、38.96m。

该环境主要考虑井壁结构外界的水、土力学环境,主要为环向围压与竖向附加力作用以及水中有害离子的侵蚀。

2.4　井壁力学环境

参考相关论文,一般来说井壁的力学环境主要有两种:一是施工荷载,二是永久荷载。施工荷载包括:冻结压力、施工期间的温度应力等。永久荷载包括:井壁自重、水平地压(地下水、土压力)、竖向附加力及地震荷载等。一般考虑井壁自重、环向压力与竖向附加力。

2.4.1　井壁自重

井壁的自重包括井壁、井壁上的设备以及部分井塔的重量。井壁自重应力公式为:

$$\sigma_g = \gamma_h H \tag{2-1}$$

式中,σ_g 为自重应力;

γ_h 为井壁的平均重力密度;

H 为计算深度。

2.4.2　环向压力

计算地压的公式有很多,如普氏公式、秦氏公式、哈林克公式及重液公式等,最常用的是重液公式:

$$p = kH \tag{2-2}$$

式中,p 为地压;

H 为计算深度;

k 为系数,常取 $k = 0.01 \sim 0.013$。

2.4.3　竖向附加力

1.理论研究

中国矿业大学杨维好[①]根据弹性理论计算结果进行了曲线拟合,得到了竖向附加力弹性解的拟合方程为:

$$\frac{f_n}{E_l} = \frac{\Delta p}{E_d(\alpha_0 - \alpha_1 \xi + \alpha_2 \xi^2 - \alpha_3 \xi^3)} \tag{2-3}$$

式中,E_l、E_d 分别为井壁、土层的弹性模量;

Δp 为含水层压降;

α_1、α_2、α_3 为计算参数;

ξ 为计算点深与井筒全深之比。

楼根达等[②]认为,在极限状态下井壁与土层出现滑动是附近土体产生塑性破坏所引起的,井壁与地层间的摩擦力 τ_{rzm} 可由莫尔-库伦准则得到:

$$\tau_{rzm} = P'\tan\varphi + C \tag{2-4}$$

式中,P' 为作用在井壁上的土压力,与计算深度有关;

① 杨维好.新型单层冻结井壁技术研究与应用[D].徐州:中国矿业大学,2011.

② 楼根达,陈湘生.关于疏水沉降地层中井壁破坏问题的认识与建议[J].建井技术,24(2):92-94.

φ 为地层的内摩擦角；

C 为地层的黏聚力。

但该理论未涉及由于不同土层在不同深度不均匀的情况下井壁与土体之间产生的相对位移。

2.物理模拟试验研究

中国矿业大学岩土工程研究所进行了大量物理模拟试验,取得了以下成果。

(1)竖向附加力随含水层降压速率的变化规律。

随着地下疏水的进行,表土层中含水层水压线性下降,导致竖向附加力线性增长;当含水层水压不再下降时,附加力也很快趋于稳定。经大量物理试验研究得出,竖向附加力的增长率与疏排水降压速度近似成正比关系(见表 2-16)。

竖向附加力与疏水时间的线性关系可按下式近似计算:

$$f_n = b\tau \tag{2-5}$$

式中,f_n 为竖向附加力;

b 为影响系数;

τ 为时间(月)。

表 2-16　竖向附加力的增长率与疏排水降压速度 V 的关系

V 值	土性			
	黏土	砂质黏土	黏土质砂	砂土
0.09	0.020141	0.130877	0.295366	0.884164
0.114	0.257981	0.552454	1.07570	1.40156
0.168	0.359439	0.968294	1.90204	1.45531

(2)竖向附加力的增长率与深度和土层性质的关系。

黏土、砂质黏土、黏土质砂的竖向附加力增长率均随深度的增加而增加。在相同深度、其他条件相同时,黏土质砂的竖向附加力增长率约为砂质黏土的 2 倍,约为黏土的 4 倍。在不同的深度中,砂层的竖向附加力增长率有较大的区别,在深度小于 150m 时,它约是黏土质砂附加力增长率的 2 倍,而在深度为 200～250m 处与黏土质砂的值基本相同,在深度 300m 处又增大,超过黏土质砂层的附加力增长率。这一规律与其他三种土层不同。竖向附加力随时间的增长率与深度、土层性质的关系见表 2-17。

按幂函数对竖向附加力增长率随深度变化的关系进行拟合,得出拟合关系为:

黏土:　　　　　　　$b = 0.321(z/H)^{0.614}$ 　　　　　　　(2-6)

砂质黏土:　　　　　$b = 0.678(z/H)^{0.615}$ 　　　　　　　(2-7)

黏土质砂:　　　　　$b = 1.3(z/H)^{0.552}$ 　　　　　　　(2-8)

式中,z 为模拟深度;

H 为表土层厚度。

表 2-17 竖向附加力随时间的增长率 b 与深度、土层性质的关系

模拟深度	顶压	$b/(\text{kPa} \cdot \text{月}^{-1})$			
z/m	P_h/MPa	黏土	砂质黏土	黏土质砂	砂
0~50	1.0	0.112111	0.190419	0.479068	0.927575
50~100	2.0	0.158285	0.400396	0.786325	1.82434
100~150	3.0	0.190464	0.536418	0.948026	1.81656
150~200	4.0	0.257981	0.552454	1.075702	1.11579
200~250	5.0	0.290261	0.565685	1.16003	1.14407
250~300	6.0	0.332369	0.584511	1.23025	1.40156

按准则形式回归竖向附加力与深度和时间的关系有:

$$\frac{f_n}{E_L} = A\left(\frac{z}{H}\right)^B \frac{V\tau}{E_L} \tag{2-9}$$

式中,土体类型分别为黏土、砂质黏土、黏土质砂时,系数 A 分别为 2.82、5.952、11.4;土体类型分别为黏土、砂质黏土、黏土质砂时,系数 B 分别为 0.614、0.615、0.522;V_τ 为降水速率;E_L 为井壁混凝土的弹性模量。

(3)含水层疏排水固结压缩量的大小是决定竖向附加力大小的主要因素,竖向附加力与含水层的固结压应变成正比,即与含水层的压缩模量成反比,竖向附加力与土层的泊松比无关。

(4)竖向附加力沿井筒呈非线性递增关系,作为附加力累积的井筒附加轴向力必然沿深度而递增,在第四系表土层与基岩交界面附近达到最大值。

(5)竖向附加力与疏排水层的厚度成正比关系,在其他条件不变的情况下,疏排水层越厚,则竖向附加力越大。

2.5 本章小结

钢筋混凝土井壁自然环境主要包括内部环境与外部环境,其中内部环境为气态、液态、固态与温湿度环境的相互耦合,其对混凝土的腐蚀作用与煤矿地面工业环境较为相似,但与之相比,部分有害离子的浓度更高;外部环境为水、土环境的相互耦合,其对混凝土的腐蚀作用大部分为水中的有害离子的侵蚀。井壁处于深厚表土与基岩中,

受到自重、环向压力与竖向附加力等主要作用,其又与自然环境相耦合,共同使得井壁材料性能退化、构件出现裂缝、结构安全性降低。

井壁所处环境的主要特征见表 2-18。

表 2-18　井壁环境主要特征

环境类型	作用因素	影响程度	内部	外部
自然环境	气态	强腐蚀	$HCl(30.09)$、$NO_2(6.80)$、$Cl_2(2.40)$	钢筋配筋率/%
		中等腐蚀	$H_2S(4.78)$、$SO_2(3.72)$、$CO_2(6570.38)$	
	液态	强腐蚀	Na_2SO_4、K_2SO_4、$MgSO_4$	Na_2SO_4、K_2SO_4、$MgSO_4$
	固态	弱腐蚀	SiO_2、Al_2O_3、Fe_2O_3	—
	温、湿度		影响各物质浓度对混凝土的腐蚀效果	
力学环境	自重		包括井壁、井筒装备和部分井塔的重量	
	环向压力		水、土对井壁的环向压力	
	竖向附加力		随时间(含水层压降)、深度和土层性质的变化而变化	

注:气态介质名称后括号内为浓度平均值,单位为 mg/m^3,CO_2 单位为 10^{-6}。

井壁结构设计时需考虑混凝土、钢筋材料,以及表土、基岩地层以及水土外力环境等因素,对已调研的 7 个矿区井壁结构主要参数汇总分析见表 2-19。

表 2-19　井壁结构主要参数

地点	表土深度/m	井筒直径/m	井壁厚度/m 内壁	井壁厚度/m 外壁	混凝土强度	保护层厚度/mm	钢筋等级	钢筋配筋率/%
鲍店矿区	148	6.5、8.5	0.6	0.4	C30~C45	30	Ⅱ级	竖向 0.23,环向 0.335
济宁二号井矿区	158	6.5、8.5	0.6	0.4	C30~C45	30	Ⅱ级	竖向 0.23,环向 0.335
赵楼矿区	475	10.5、7、7	1.1	1.05	C30~C65	65	HRB335 HRB400	竖向 0.29~0.65,环向 0.29~0.69,径向 0.1
郓城矿区	535	10.5、6.5、6.5	1.1	1.05	C30~C65	75	HRB335 HRB400	竖向 0.30~0.66,环向 0.30~0.69,径向 0.1
龙固矿区	567	10、6、6	1.1	1.05	C30~C70	75	HRB335 HRB400	竖向 0.32~0.67,环向 0.32~0.71,径向 0.1
郭屯矿区	586	10.5、8、8	1.1	1.05	C30~C75	75	HRB335 HRB400	竖向 0.31~0.68,环向 0.31~0.70,径向 0.1
万福矿区	750	9.7、12.1、10.6	1.3	1.1	C30~CF90	75	HRB335 HRB400	竖向 0.30~0.69,环向 0.30~0.72,径向 0.1

第 3 章

深厚表土环境中 RC 井壁结构力学性能退化规律与寿命预测研究方案设计

本章将用工程实测、物理试验、数值计算及理论分析四种方法进行研究,得到深厚表土中井壁环境检测结果,研究井壁环境模拟参数与物理模型的几何、材料与荷载等参数,进行物理试验;确定几何、材料、边界与荷载参数,并进行数值模拟计算;将工程实测、数值计算与物理试验结果进行综合分析,得到机理;建立可靠性评定方法与寿命预测方法,以用于指导工程实践。

3.1 深厚表土环境实验室模拟与竖向附加力模型

根据 2.3 节气体环境检测结果,对混凝土腐蚀较强的因素主要有 HCl、SO_2 与 NO_2;根据液体环境检测结果,对混凝土腐蚀有影响的因素主要有 $CaSO_4$、$MgSO_4$;根据固体环境检测结果,对混凝土腐蚀有影响的因素主要有 CaO、Al_2O_3、Na_2O。

对各检测地点分析后可知,风井的环境与主井和副井相比较为恶劣,本次试验拟对风井自然环境进行模拟。综合上述特点,根据相似理论,设置表 3-1 中两种方式进行自然环境模拟。用人工环境气候室模拟井壁内部环境,包括气、液、固及温湿度的耦合环境;用浸泡模拟井壁外部环境。人工环境气候室中 HCl 放大倍数为 5 倍,CO_2 放大倍数为 2 倍,SO_4^{2-} 放大倍数为 50 倍。根据温湿度检测结果,风井内温度主要介于 35～39℃,温度选为 40℃,湿度选为 95%。浸泡溶液的主要介质 SO_4^{2-} 放大倍数约为 50 倍,温度选为 25℃。自然环境模拟设置具体见表 3-1。

表 3-1 井壁内外自然环境模拟设置

类型	环境设置				试验流程	备注
	气体环境	酸雾环境	盐雨环境	温、湿度环境		
内部环境(人工环境气候室)	CO_2 $12000×10^{-6}$	HCl $250mg/m^3$	$10\%Na_2SO_4$ 溶液	湿度 95%, 温度 40℃	通气体,每两天喷洒一次,一次两个小时	加载、不加载
外部环境(浸泡)	$15\%Na_2SO_4$ 溶液			25℃	浸泡	不加载

注:Na_2SO_4 溶液为质量百分比。

数值模拟计算时应根据各煤矿井筒周围表土段土层的实际情况,并综合考虑井筒周围一定范围内的水文地质条件,确定竖向附加力的数值和分布规律,由于部分资料是内部资料,所以本次计算采用的竖向附加力增加速率采用已发表的文献提供的资料,在数值计算中竖向附加力的水位下降速率均取 6m/a,竖向附加力的平均增长速度取自各井筒实际情况。

3.2 原材料性能

3.2.1 水泥

水泥种类的选择对于高强混凝土的配制非常重要。本次试验研究采用的水泥情况如下:

品种等级:普通硅酸盐水泥 52.5R 级。

依据《水泥标准稠度用水量、凝结时间、安定性检验方法》(GB/T 1346—2011)、《水泥细度检验方法 筛析法》(GB/T 1345—2005)等现行国家标准对细度—80μm 筛、标准稠度用水量、流动性等性能进行检测。水泥物理性能检测结果见表 3-2。

表 3-2 水泥物理性能

	细度/%	标准稠度/%	流动度/mm
检测结果	5	25	30

按照国家标准《水泥化学分析方法》(GB/T 176—2017)进行水泥的化学成分检测,水泥化学组成见表 3-3。

表 3-3　水泥化学组成

	化学成分质量分数/%								LOI
	CaO	SiO$_2$	Al$_2$O$_3$	Fe$_2$O$_3$	K$_2$O	Na$_2$O	MgO	SO$_3$	
检测结果	59.10	20.50	5.33	3.09	1.12	0.19	2.55	3.14	2.50

注:1. 元素定量分析标准曲线依据国家一级地球化学标准物质建立;

　　2. 检出元素及化合物形式依据硅酸盐水泥标准物质给出。

按照国家标准《水泥标准稠度用水量、凝结时间、安定性检验方法》(GB/T 1346—2011)操作方法进行水泥凝结时间的测试,检测结果见表 3-4。

表 3-4　水泥凝结时间

普通硅酸盐水泥	初凝时间		终凝时间	
	要求	测试结果	要求	测试结果
凝结时间(min)	≥45	132	≤600	200

《通用硅酸盐水泥》(GB 175—2007)规定了普通硅酸盐水泥 52.5 级各龄期下的抗压、抗折强度的要求,按照《水泥胶砂强度检验方法(ISO 法)》(GB/T 17671—2021)测试方法进行了各龄期下水泥抗压、抗折强度,强度要求及测试结果见表 3-5。

表 3-5　水泥各龄期下强度

水泥品种及强度等级	抗压强度/MPa				抗折强度/MPa			
	3d		28d		3d		28d	
	要求	实测	要求	实测	要求	实测	要求	实测
P.O52.5	≥23.0	30.1	≥52.5	64.2	≥4.0	6.3	≥7.0	8.7

3.2.2　粗、细骨料

《高强混凝土应用技术规程》(JGJ/T281—2012)规定,高强混凝土所用石子最大粒径需小于 20mm,《高强混凝土应用技术规程》(JGJ/T281—2012)规定,粗骨料的最大粒径不宜大于 25mm。本书试验所采用的粗骨料为碎石,粒径为 5～20mm。

依据《普通混凝土用砂、石质量及检验方法标准》(JGJ 52—2006)对粗骨料含泥量、泥块含量、表观密度性能进行检测,检测结果见表 3-6。

表 3-6　粗骨料检测结果

	含泥量/%	泥块含量/%	表观密度/(kg/m^3)	针、片状颗粒含量/%
检测结果	0.4	0.1	2740	4.8

依据《普通混凝土用砂、石质量及检验方法标准》(JGJ 52—2006)对细骨料表观密

度、堆积密度、含泥量、泥块含量等性能进行检测,检测结果见表 3-7。

表 3-7　细骨料检测结果

	表观密度/ (kg/m³)	松散堆积密度/ (kg/m³)	紧密堆积密度/ (kg/m³)	含泥量 / %	泥块含量 / %	含水率/ %	吸水率/ %
检测结果	2630	1430	1680	0.84	0.54	0.97	1.54

3.2.3　粉煤灰

按照国家规定的试验和数据处理方法,依据《用于水泥和混凝土中的粉煤灰》(GB/T 1596－2017),评定出符合Ⅰ等级的粉煤灰,并确定对应的采样出灰口,确定可用性粉煤灰。其常规定检验指标包括:细度、需水量比、烧失量、强度活性指数。粉煤灰物理试验结果及化学试验结果见表 3-8 和表 3-9。

表 3-8　粉煤灰基本性能

项目	Ⅰ等级要求	实际测试值
细度(45μm 方孔筛筛余),不大于/%	12.0	10.1
需水量比,不大于/%	95.0	92.0
烧失量,不大于/%	5.0	3.7
强度活性指数,不小于/%	70.0	73.0

表 3-9　粉煤灰化学成分

	化学成分质量分数/%						
	SO_3	SiO_2	Al_2O_3	Fe_2O_3	CaO	MgO	TiO_2
检测结果	0.89	60.40	25.45	2.81	3.18	0.87	0.74

3.2.4　硅灰

本次试验研究采用的硅灰产地为北京。

硅灰物理性能、化学成分检测结果见表 3-10 和表 3-11。

表 3-10　硅灰物理性能

	比表面积/ (m²/kg)	自然堆积密度/ (kg/m³)	需水量比/ %	烧失量/ %	活性指数
检测结果	20.9×10³	175	110	2.56	103

表 3-11　硅灰化学成分

	化学成分质量分数/%				
	SO_3	SiO_2	Al_2O_3	Fe_2O_3	CaO
检测结果	2.51	88	2.3	3.02	1.15

3.2.5　外加剂

本次试验使用的外加剂为聚羧酸减水剂。

依据《混凝土外加剂》(GB 8076－2008)、《混凝土防冻剂》(JC 475－2004)对其减水率、常压泌水率比、含气量、抗压强度比等性能项目进行检测。检测结果见表 3-12。

表 3-12　外加剂检测结果

试验项目		单位	标准要求		试验结果
			一等品	合格品	
减水率		%	≥10	—	25
常压泌水率比		%	≤90	≤100	50
含气量		%	≥2.5	≥2.0	6
坍落度增加值		mm	≥100	≥80	—
抗压强度比	3d	%	≥90	≥85	170
	7d		≥90	≥85	145
	28d		≥90	≥85	130
对钢筋锈蚀作用		/	应说明对钢筋有无锈蚀作用		无锈蚀作用

3.2.6　钢筋

试验所用钢筋种类为 HRB400。试验测得钢筋力学性能指标见表 3-13。

表 3-13　钢筋力学性能指标

型号	直径/mm	屈服强度/MPa	极限强度/MPa	伸长率/%
HRB400	4	400	570	15

3.3 高强混凝土配方设计

3.3.1 水胶比的确定

本书研究的单掺粉煤灰、双掺粉煤灰与硅灰混凝土的水胶比分别设定为 0.21～0.29,对应于 C60、C80 与 C100 强度等级的混凝土。

3.3.2 砂率的确定

依据《普通混凝土配合比设计规程》(JGJ 55－2011),泵送混凝土砂率一般不宜小于36%,并且不宜大于45%。考虑混凝土的工作性,本试验拟采用砂率为36%～40%。

3.3.3 高强混凝土配合比设定

通过混凝土配合比计算,以及实验室正交试验,最终确定 C60、C80 与 C100 单掺粉煤灰、双掺粉煤灰与硅灰高强混凝土配合比(见表 3-14)。

表 3-14 高强混凝土配合比

强度等级	水胶比	混凝土配合比/(kg/m^3)						
		粉煤灰	硅灰	水	水泥	砂子	石子	外加剂
C60	0.28	105	—	148	423	700	1190	9.0
C60	0.29	74	36	150	390	653	1214	9.0
C80	0.24	118	—	138	452	707	1153	10.3
C80	0.25	98	44	140	418	669	1188	10.4
C100	0.21	114	—	125	484	682	1162	12.8
C100	0.21	116	58	131	456	644	1242	13.2

3.4   总体研究方案

3.4.1   深厚表土环境中高强混凝土材料性能退化规律

混凝土的应力＝荷载/井壁横截面积($\sigma = P/A$)

由 2.4 节可知,井壁混凝土主要处于自重、环向压力及竖向附加力三个主要力学环境中。在未生产阶段,即无竖向附加力情况下,井壁混凝土应处于自重与环向压力作用下,设自重为 P_1,混凝土容重 ρ 取 2.5 吨/立方米,则 500m 深度中自重产生的应力有:

$$\sigma_1 = P_1/A = \rho \cdot \pi \cdot (\gamma_{外}^2 - \gamma_{内}^2) \cdot H / [\pi \cdot (\gamma_{外}^2 - \gamma_{内}^2)] = \rho \cdot H$$
$$= 25000 \times 500 \div 1000000 = 12.5 \text{MPa}$$

对于 C60 混凝土,应力比＝12.5/60＝0.21;

对于 C80 混凝土,应力比＝12.5/80＝0.156;

对于 C100 混凝土,应力比＝12.5/100＝0.125。

综合考虑井壁的内、外壁原型特征,以及三种材料的等级情况和实验室实际加载能力,对于三种强度等级的高强混凝土试块取应力比为 0.2 与 0 的情况进行加载、腐蚀试验。混凝土强度应力比一般用混凝土轴心抗压强度来确定,但由于本试验需要在复杂环境下进行耐久性试验,参考《普通混凝土长期性能和耐久性能试验方法标准》(GB/T 50082－2009),综合考虑,本试验采用标准试块进行试验。混凝土材料试验方案见表 3-15。

表 3-15   混凝土材料试验方案

强度等级	标准试件/个			总量/个	内容	时间
	环境 1	环境 2	环境 3			
	内部环境		外部环境			
	加载(应力比 0.2)	不加载	不加载			
C60	36	60	60	156	抗压强度、应力-应变	每个周期 45 天,五个周期,共 225 天
C80	36	60	60	156		
C100	36	60	60	156		

对混凝土表面微观生成物主要使用了 X 射线粉末衍射试验(X-ray powder diffraction,XRD)与 X 射线荧光光谱试验(X-ray fluorescence,XRF)两种测试手段进行混凝土新生成物物质组成分析与化学成分分析(见表 3-16)。

表 3-16 混凝土新生成物分析试验方案

混凝土强度等级	环境	测试周期	XRD/组	XRF/组
C60	1、3	1、3、5	12	12
C80	1、3	1、3、5	12	12
C100	1、3	1、3、5	12	12

3.4.2 深厚表土环境中 RC 井壁结构力学性能数值计算

利用 ANSYS 软件对钢筋混凝土井壁结构整体模型进行数值模拟计算,得到其力学性能。由于深厚表土中的井壁材料为钢筋混凝土,所以本书采用弹塑性三维单元进行数值模拟计算。本书将深厚表土中的井壁在水平地压、井壁自重与竖向附加力共同作用下的结构进行弹塑性分析,研究井壁结构破裂的力学机理。

钢筋混凝土井壁结构力学性能数值计算结果如下:

(1)井壁原型破裂的时间、形态、位置和发展过程;

(2)井壁原型在不同荷载阶段的径向应力分布;

(3)井壁原型在不同荷载阶段的环向应力分布;

(4)井壁原型在不同荷载阶段的竖向应力分布;

(5)井壁原型在不同荷载阶段的径向应变分布;

(6)井壁原型在不同荷载阶段的环向应变分布;

(7)井壁原型在不同荷载阶段的竖向应变分布。

3.4.3 深厚表土环境中 RC 井壁结构力学性能物理试验

以实体结构的设计荷载标准组合值为控制荷载,研究钢筋混凝土井壁在深厚表土环境中的力学性能退化规律,并与自然养护环境中井壁做对比(见表 3-18)。

表 3-18 试验安排

加载内容	数量/个	试验环境	内容
井壁模型	1	自然养护	环向加载
	1	人工环境气候室	环向加载
	1	人工环境气候室	竖向与环向加载

根据实验室现有的条件,拟进行如下布置,如图 3-1 和图 3-2 所示。图中括号内为应力比,中括号内为不同的配方,单掺粉煤灰混凝土为 1,双掺粉煤灰与硅灰混凝土为 2。每一竖向试块拟放 3 组(9 块),高约为 1.4m。

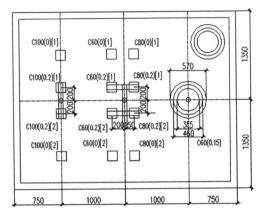

图 3-1 环境室加载平面布置图(单位:mm)

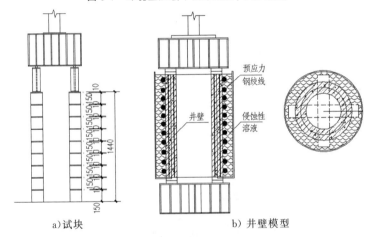

a)试块　　　　　　　　　　　　　b)井壁模型

图 3-2 加载示意图

3.4.4 深厚表土环境中 RC 井壁结构力学性能退化规律

从高强混凝土材料性能的角度出发,研究高强混凝土材料性能在深厚表土环境中的损伤退化机理。以不同周期劣化后的混凝土材料力学性能试验数据为基础,基于混凝土损伤理论,建立深厚表土环境中高强混凝土材料的损伤演化模型与本构模型,并与试验应力-应变数据曲线进行对比分析,对理论模型进行验证。

以双剪统一强度理论与损伤力学理论为基础,分析钢筋混凝土井壁结构力学性能的退化规律,从机理上分析深厚表土层与基岩交界处的井壁截面应力场分布,并得到井壁极限荷载与周围水土压力之间的关系。

3.4.5 深厚表土环境中 RC 井壁结构可靠性分析与寿命预测

综合分析现场实测、物理试验、数值计算与理论研究结果,考虑在荷载与效应二维因素的条件下,基于 MATLAB 软件,得到在一定条件前提下钢筋混凝土井壁结构在不同混凝土强度与荷载条件下的可靠指标与失效概率,并以 Mesh 图形的形式体现出来。

基于钢筋混凝土井壁结构可靠度的计算方法,建立结构可靠度与使用寿命之间的关系。基于《建筑结构可靠性设计统一标准》(GB 50068－2018)中规定的可靠度指标,得到不同表土深度中钢筋混凝土井壁结构的可靠指标与使用寿命相关的变化曲线。

第 4 章

深厚表土环境中高强混凝土
材料性能退化规律

通过第 2 章的测试结果可以证明钢筋混凝土井壁所处的环境中存在大量的腐蚀性气态、液态以及固态介质，使钢筋混凝土材料性能发生了严重的退化。本章根据总体方案设计，通过物理模拟试验对高强混凝土材料的基本性能，以及劣化材料的力学性能展开研究，建立了退化的抗压强度预测模型与应力-应变关系模型，为下文井壁结构数值计算以及退化规律理论研究提供基础。

4.1 试验方案

通过人工气候环境实验室模拟深厚表土环境，对该环境中 C60、C80 及 C100 高强混凝土的立方体抗压强度、应力-应变全曲线等力学性能以及混凝土表面微观生成物进行研究，分析立方体抗压强度及应力-应变全曲线随着周期增长的性能退化规律，以及不同周期混凝土表面的生成物物质组成与化学成分。试件在中国矿业大学建筑结构与材料实验室制作，混凝土采用机械搅拌，在钢模中浇筑成型。试件首先在自然条件下养护180 天，按照试验方案开展物理模拟试验。人工气候环境模拟试验系统如图 4-1 所示。

图 4-1　人工气候环境模拟试验系统

4.1.1　高强混凝土立方体抗压强度损失

依据《混凝土物理力学性能试验方法标准》(GB/T 50081—2019)，对不同周期的高强混凝土立方体试件进行抗压强度检测。

混凝土立方体抗压强度：浇筑 150mm×150mm×150mm 标准养护试件，依据《混凝土物理力学性能试验方法标准》(GB/T 50081—2019)进行试验，研究不同水胶比、不同胶凝材料体系和不同掺量对各强度等级混凝土的各龄期抗压强度影响。混凝土立方体抗压强度按下式计算：

$$f_{立} = \frac{F}{A} \tag{4-1}$$

式中，$f_{立}$ 为混凝土立方体抗压强度(MPa)；

　　　F 为混凝土破坏荷载(N)；

　　　A 为试件承压面积(mm²)。

混凝土立方体抗压强度损失率按下式计算：

$$p_{损} = \frac{f_{立} - f_{c}}{f_{立}} \times 100\% \tag{4-2}$$

式中，$p_{损}$ 为混凝土立方体抗压强度损失率(%)；

　　　$f_{立}$ 为混凝土立方体抗压原强度(MPa)；

　　　f_{c} 为不同周期的混凝土立方体抗压强度(MPa)。

4.1.2　高强混凝土应力-应变全曲线变化

混凝土棱柱体试块应力-应变全曲线试验在中国矿业大学深部岩土国家重点实验室进行，采用的加载设备为 YNS2000 电液伺服万能试验机，如图 4-2 所示。加载采用《混凝土物理力学性能试验方法标准》(GB/T 50081—2019)的相关制度进行，预加载强度为 24% 倍的抗压强度，之后采用 0.01～0.02mm/min 的加载制度。

图 4-2　YNS2000 电液伺服万能试验机

4.1.3 劣化高强混凝土微观分析

1. X 射线粉末衍射试验

本试验使用的是中国矿业大学现代分析与计算中心型号为 D8 ADVANCE 的 X 射线衍射仪。

下面对该仪器的图谱说明和分析标准以及样品要求做一个简单的介绍。

图谱说明：

横坐标：衍射角度(2θ)，单位：度；纵坐标：衍射强度，林克斯计数[Lin(Counts)]，单位：光子数。峰顶标注的数据：晶面间距，单位：埃，1 埃 = 10^{-10} m。

分析标准：利用粉末衍射联合会国际数据中心(JCPDS-ICDD)提供的物质标准粉末衍射资料(PDF)，并按照其标准分析方法和衍射判定标准(晶面间距吻合，衍射强度基本吻合)进行对照分析。

样品要求：

质量：约 0.5g；

粒度：细粉 300 目，比普通面粉要细，两个手指搓捏无颗粒感。在 300 目(M)以下测试精度高。200 目以上颗粒粗大测试误差大，影响图谱信息。

2. X 射线荧光光谱试验

本试验使用的是中国矿业大学现代分析与计算中心的波长色散 X 射线荧光光谱仪，型号为 BRUKER S8 TIGER。

该设备具有较高的灵敏度、准确度和可靠性等，样品测量及分析过程主要由外置触控系统或外置计算机系统控制，其主要功能配置包括定性分析、精确定量分析、无标样定量分析以及多层膜分析，能够高分辨显示样品谱图，具有谱图自动解析、自动背景扣除、自动寻峰以及元素识别等功能。

粉末样品：粉碎至 200 目(74μm)以下，105℃烘干 2h，样品量 10g。

固体样品：表面磨平抛光处理，样品高度<10mm，直径为 10～40mm。

4.2 高强混凝土抗压强度损失规律及预测模型

4.2.1 单掺粉煤灰高强混凝土

表 4-1 为单掺粉煤灰混凝土立方体试件在不同环境、不同周期的抗压强度，强度等级分别为 C60、C80 与 C100。图 4-3 为单掺粉煤灰混凝土立方体试件在各环境中随着

腐蚀周期不断变化的抗压强度变化,图 4-4 为单掺粉煤灰混凝土立方体试件随着腐蚀周期不断变化的强度变化率。

表 4-1　单掺粉煤灰混凝土抗压强度(单位:MPa)

强度等级		周期 0	周期 1	周期 2	周期 3	周期 4	周期 5
C60	环境 1	67.43	66.73	66.20	65.46	64.42	63.12
	环境 2	68.77	67.89	67.31	66.52	65.46	63.99
	环境 3	68.93	69.70	68.10	66.84	65.56	63.55
C80	环境 1	90.80	90.13	89.37	88.59	87.58	86.31
	环境 2	90.00	89.25	88.42	87.51	86.54	85.20
	环境 3	90.03	90.73	89.59	88.14	86.94	84.97
C100	环境 1	110.93	110.42	109.70	108.70	107.65	106.72
	环境 2	109.17	108.49	107.77	106.80	105.45	104.50
	环境 3	110.27	110.03	109.58	107.97	106.58	104.95

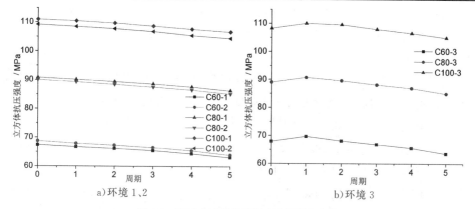

a)环境 1、2　　　　　　　b)环境 3

图 4-3　混凝土试件抗压强度随周期的变化

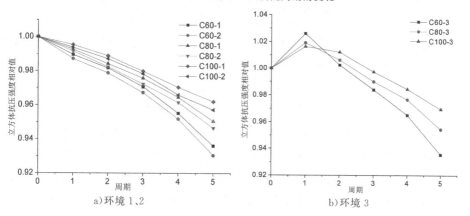

a)环境 1、2　　　　　　　b)环境 3

图 4-4　混凝土试件强度变化率

环境 1、2 中的混凝土立方体试件抗压强度随着腐蚀周期的增加而逐渐降低。随着腐蚀周期的增加，C60 混凝土在环境 1 中由 67.43MPa 降低到了 63.12MPa，在环境 2 中由 68.77MPa 降低到了 63.99MPa；C80 混凝土在环境 1 中由 90.8MPa 降低到了 86.31MPa，在环境 2 中由 90MPa 降低到了 85.20MPa；C100 混凝土在环境 1 中由 110.93MPa 降低到了 106.72MPa，在环境 2 中由 109.17MPa 降低到了 104.5MPa。而环境 3 中的混凝土立方体试件抗压强度随着腐蚀周期的增加呈现出了先增加再降低的曲线状态。随着腐蚀周期的增加，C60 混凝土在环境 3 中由 68.93MPa 降低到了 63.55MPa；C80 混凝土在环境 3 中由 90.03MPa 降低到了 84.97MPa；C100 混凝土在环境 3 中由 110.27MPa 降低到了 104.95MPa。

从图 4-4 可以看出，同强度等级的单掺粉煤灰混凝土随着腐蚀周期的增加，环境 1（应力比为 0）中的混凝土立方体试件抗压强度损失率要小于环境 2（应力比为 0.2）中的混凝土强度损失率，而环境 3（浸泡）中的混凝土强度损失率最大，即 $p_{环境1损} < p_{环境2损} < p_{环境3损}$。对于不同的强度等级，在相应和相同的环境中，强度等级为 C100 的混凝土强度损失率要小于强度等级为 C80 及 C60 的，即 $p_{C100损} < p_{C80损} < p_{C60损}$。环境 1 中的混凝土强度损失率趋于一个定值，而环境 3 中混凝土强度损失率增大，其中 C60 混凝土强度损失率最大。

通过对单掺粉煤灰高强混凝土抗压强度试验结果的分析，得到在不同环境中不同强度等级的高强混凝土立方体试件抗压强度损失率的函数关系，表示如下：

$$C60：环境 1 \qquad y = 68.54e^{-0.01x} \qquad\qquad R^2 = 0.970 \qquad (4-3)$$
$$环境 2 \qquad y = 69.92e^{-0.01x} \qquad\qquad R^2 = 0.972 \qquad (4-4)$$
$$环境 3 \qquad y = 0.112x^3 - 1.491x^2 + 4.735x + 64.74 \quad R^2 = 0.976 \qquad (4-5)$$
$$C80：环境 1 \qquad y = 91.93e^{-0.01x} \qquad\qquad R^2 = 0.983 \qquad (4-6)$$
$$环境 2 \qquad y = 91.17e^{-0.01x} \qquad\qquad R^2 = 0.988 \qquad (4-7)$$
$$环境 3 \qquad y = 0.111x^3 - 1.499x^2 + 4.899x + 85.65 \quad R^2 = 0.978 \qquad (4-8)$$
$$C100：环境 1 \qquad y = 112.0e^{-0.01x} \qquad\qquad R^2 = 0.986 \qquad (4-9)$$
$$环境 2 \qquad y = 110.4e^{-0.01x} \qquad\qquad R^2 = 0.984 \qquad (4-10)$$
$$环境 3 \qquad y = 0.129x^3 - 1.733x^2 + 5.889x + 104.0 \quad R^2 = 0.994 \qquad (4-11)$$

文献[119]～[120]多用损伤度 η 来表示受腐蚀因素腐蚀后的高强混凝土试件的腐蚀层厚度 d，研究认为受腐蚀因素腐蚀的高强混凝土试件腐蚀层为各向同性，且同时假定腐蚀层腐蚀后的承载能力为 0，此时腐蚀层厚度为 d_f。但实际上，随着腐蚀周期的增加，高强混凝土试件腐蚀层完全丧失承载能力需要较长的时间，大部分时间处于腐蚀能力降低到一定程度的阶段，其仍有一定的承载能力，当承载能力完全降为零时，即为腐蚀层的极限状态，如图 4-5 所示。本书为了后面数值模拟计算中混凝土参数取值,将采用混凝土截面应力等效原则。

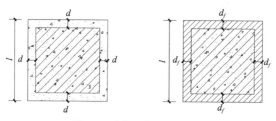

图 4-5   试件均匀腐蚀示意图

高强混凝土立方体试件在一定腐蚀周期后,设其腐蚀层厚度为 d,此时高强混凝土厚度 d 则有关系式:

$$\sigma_n \cdot l^2 = \sigma_0 \cdot (l-2d)^2 + \sigma'_n \cdot \left[l^2 - (l-2d)^2 \right] \qquad (4\text{-}12)$$

式中,σ_0 为同龄期清水中混凝土立方体试件的抗压应力(MPa);

σ_n 为同龄期腐蚀溶液中混凝土立方体试件的抗压应力(MPa);

σ'_n 为同龄期腐蚀溶液中混凝土立方体试件腐蚀层的抗压应力(MPa);

d 为腐蚀层厚度,当腐蚀层完全丧失承载能力时,$d = d_f$(mm);

l 为混凝土立方体试件边长(mm)。

由上式即可得:

$$\sigma'_n = \frac{\sigma_n \cdot l^2 - \sigma_0 \cdot (l-2d)^2}{l^2 - (l-2d)^2} \qquad (4\text{-}13)$$

式(4-13)为高强混凝土立方体试件腐蚀层应力 σ'_n 与腐蚀层厚度 d 之间的对应关系。高强混凝土立方体试件腐蚀到一定周期时,腐蚀层强度为一个相应定值,腐蚀层的厚度与强度呈反比关系。设腐蚀层厚度 $d = 25$mm,则单掺粉煤灰高强混凝土立方体试件的腐蚀层应力见表 4-2。

表 4-2   各强度等级混凝土腐蚀层应力

混凝土强度等级	环境	周期	腐蚀层应力/MPa	混凝土强度等级	环境	周期	腐蚀层应力/MPa
C60	1	0	—	C80	1	0	—
		1	65.21			1	89.60
		2	63.87			2	88.23
		3	62.99			3	86.83
		4	59.67			4	85.01
		5	56.17			5	82.72

续表

混凝土强度等级	环境	周期	腐蚀层应力/MPa	混凝土强度等级	环境	周期	腐蚀层应力/MPa
C60	2	0	—	C80	2	0	—
		1	67.18			1	88.64
		2	66.14			2	87.15
		3	64.71			3	85.51
		4	62.81			4	83.77
		5	60.16			5	81.35
C60	3	0	—	C80	3	0	—
		1	71.11			1	92.09
		2	68.23			2	90.03
		3	65.97			3	87.43
		4	63.65			4	85.27
		5	60.04			5	81.73
C100	1	0	—	C100	2	0	—
		1	110.00			1	107.94
		2	108.72			2	106.65
		3	106.91			3	104.91
		4	105.03			4	102.48
		5	103.35			5	100.77
C100	3	0	—	C100	3	3	107.74
		1	111.44			4	105.23
		2	110.62			5	102.30

4.2.2 双掺粉煤灰与硅灰高强混凝土

表 4-3 为双掺粉煤灰与硅灰高强混凝土立方体试件在不同环境、不同周期的抗压强度,强度等级分别为 C60、C80 与 C100。图 4-6 为双掺粉煤灰与硅灰高强混凝土立方体试件在各环境中随着腐蚀周期不断变化的抗压强度,图 4-7 为双掺粉煤灰与硅灰高强混凝土立方体试件随着腐蚀周期不断变化的强度变化率。

表 4-3　双掺粉煤灰与硅灰混凝土抗压强度　　　　　　　　（单位：MPa）

强度等级		周期 0	周期 1	周期 2	周期 3	周期 4	周期 5
C60	环境 1	68.48	67.93	67.19	66.22	65.22	64.11
	环境 2	69.82	69.14	68.23	67.24	66.24	65.01
	环境 3	69.59	71.13	69.05	67.44	65.95	64.46
C80	环境 1	90.21	91.79	91.12	89.91	88.57	86.25
	环境 2	91.40	90.76	90.11	88.93	87.52	86.87
	环境 3	91.02	92.76	90.57	88.92	87.46	86.15
C100	环境 1	112.67	113.42	112.67	111.37	110.22	108.92
	环境 2	110.26	110.43	109.70	108.48	107.01	105.83
	环境 3	110.95	112.23	110.21	108.67	107.35	106.05

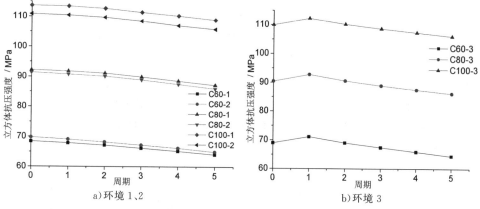

a）环境 1、2　　　　　　　　　　b）环境 3

图 4-6　混凝土试件抗压强度随周期的变化率

从图 4-6 中可以看出，环境 1 与环境 2 中的混凝土立方体试件抗压强度随着腐蚀周期的增加而逐渐降低。随着腐蚀周期的增加，C60 混凝土在环境 1 中由 68.48MPa 降低到了 64.11MPa，在环境 2 中由 69.82MPa 降低到了 65.01MPa；C80 混凝土在环境 1 中由 90.21MPa 降低到了 86.25MPa，在环境 2 中由 91.40MPa 降低到了 86.87MPa；C100 混凝土在环境 1 中由 112.67MPa 降低到了 108.92MPa，在环境 2 中由 110.26MPa 降低到了 105.83MPa。而环境 3 中的混凝土立方体试件抗压强度随着腐蚀周期的增加呈现出了先增加再降低的曲线状态。随着腐蚀周期的增加，C60 混凝土在环境 3 中由 69.59MPa 降低到了 64.46MPa；C80 混凝土在环境 3 中由 91.02MPa 降低到了 86.15MPa；C100 混凝土在环境 3 中由 110.95MPa 降低到了 106.05MPa。

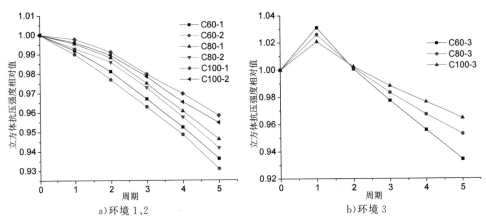

a) 环境 1、2   b) 环境 3

图 4-7　混凝土试件强度变化率

与单掺粉煤灰混凝土相同,同强度等级的双掺粉煤灰与硅灰混凝土立方体试件随试验周期的增加,环境 1(应力比为 0)中的混凝土强度损失率要小于环境 2(应力比为 0.2)中的混凝土强度损失率,而环境 3(浸泡)中的混凝土强度损失率最大,即 $p_{环境1损}<p_{环境2损}<p_{环境3损}$。对于不同的强度等级,在相应相同的环境中,强度等级为 C100 的混凝土强度损失率要小于强度等级为 C80 及 C60 的,即 $p_{C100损}<p_{C80损}<p_{C60损}$。从图 4-7 的曲线可以看出,环境 1 与环境 2 中各强度等级的混凝土强度损失率趋于一个定值,而环境 3 中混凝土强度损失率增大,其中 C60 混凝土强度损失率最大。

通过对双掺粉煤灰与硅灰高强混凝土抗压强度试验结果的分析,得到不同环境中不同强度等级的高强混凝土立方体试件抗压强度损失率的函数关系,表示如下:

$$C60: \quad 环境 1 \quad y=69.67e^{-0.01x} \qquad\qquad R^2=0.985 \quad (4-14)$$
$$环境 2 \quad y=71.06e^{-0.01x} \qquad\qquad R^2=0.911 \quad (4-15)$$
$$环境 3 \quad y=0.185x^3-2.233x^2+6.725x+54.51 \quad R^2=0.967 \quad (4-16)$$
$$C80: \quad 环境 1 \quad y=93.77e^{-0.01x} \qquad\qquad R^2=0.962 \quad (4-17)$$
$$环境 2 \quad y=92.95e^{-0.01x} \qquad\qquad R^2=0.967 \quad (4-18)$$
$$环境 3 \quad y=0.207x^3-2.451x^2+7.378x+85.49 \quad R^2=0.962 \quad (4-19)$$
$$C100: \quad 环境 1 \quad y=115.2e^{-0.01x} \qquad\qquad R^2=0.965 \quad (4-20)$$
$$环境 2 \quad y=112.4e^{-0.01x} \qquad\qquad R^2=0.966 \quad (4-21)$$
$$环境 3 \quad y=0.192x^3-2.290x^2+6.969x+105.2 \quad R^2=0.959 \quad (4-22)$$

依据 4.2.1 节中的公式,假设腐蚀层厚度 $d=25\text{mm}$,则双掺粉煤灰与硅灰高强混凝土腐蚀层应力可求得相应的数值,见表 4-4。

表 4-4 各强度等级混凝土腐蚀层应力

混凝土强度等级	环境	周期	腐蚀层应力/MPa	混凝土强度等级	环境	周期	腐蚀层应力/MPa
C60	1	0	—	C80	1	0	—
		1	67.49			1	91.45
		2	66.15			2	90.24
		3	64.41			3	88.06
		4	63.65			4	85.67
		5	60.62			5	83.28
C60	2	0	—	C80	2	0	—
		1	68.58			1	90.24
		2	66.94			2	89.09
		3	65.17			3	86.95
		4	63.37			4	84.42
		5	61.15			5	81.81
C60	3	0	—	C80	3	0	—
		1	72.85			1	94.63
		2	69.09			2	90.69
		3	66.19			3	87.72
		4	63.51			4	85.09
		5	60.83			5	82.74
C100	1	0	—	C100	2	0	—
		1	113.21			1	110.09
		2	111.86			2	108.77
		3	109.53			3	106.58
		4	107.47			4	103.94
		5	105.13			5	101.81
C100	3	0	—	C100	3	3	107.64
		1	114.05			4	105.27
		2	110.42			5	102.92

4.3 高强混凝土应力－应变全曲线变化规律

在单轴受压应力－应变试验过程中发现,不同腐蚀周期的高强混凝土棱柱体试件 (100mm×100mm×300mm) 的破坏特征在加载过程中的破坏形式大致相同,但也存在部分区别:当棱柱体腐蚀周期较短,腐蚀程度较轻时,其破坏特征基本与未腐蚀棱柱体试件相同;当棱柱体腐蚀时间较长,腐蚀程度较严重时,在棱柱体试件受压过程中出现了构件底部边缘处部分压碎现象,且压碎部位的微小裂缝非常多。高强混凝土棱柱体试件在加载荷载达到抗压峰值前,表面未出现明显可见裂缝;当加载荷载到达抗压峰值时,试件表面出现平行于长边方向的可见裂缝,裂缝细而短,此时试件表面持续形成多条不连续的纵向裂缝,当棱柱体试件发出一声脆响后,加载失效,棱柱体构件残余强度消失。部分棱柱体试件受压破坏过程中,一条呈对角线方向的主裂缝出现,并迅速扩展,出现第一条主裂缝后,随着棱柱体受压的继续增大,这条主裂缝不断延伸扩展,裂缝宽度不断增大,同时部分构件出现下部边缘处局部压碎的现象,棱柱体破坏时,这条主裂缝基本贯穿整个试件,部分棱柱体试件破坏形态如图 4-8 所示。

图 4-8　棱柱体试件破坏主要呈剪切破坏

4.3.1 单掺粉煤灰高强混凝土

由图 4-9～图 4-11 的应力－应变曲线可以看出,未腐蚀混凝土应力-应变曲线在峰值应力前近似于线性直线,而腐蚀后混凝土应力-应变曲线在峰值应力点前分成两个阶段,第一个阶段较为平缓,而第二个阶段与未腐蚀混凝土应力-应变曲线相似,近似于线性直线。腐蚀时间较长,腐蚀相对严重的混凝土棱柱体在受压初期,在较小的应力作用下就会产生较大的变形,应力-应变的曲线较为平缓,由不同周期的腐蚀高强混凝土试件可以看出,腐蚀时间越长,其初始曲线越平缓,且在同应力的情况下应变越大,然后当曲线经过某分界点(分界点后曲线斜率突然增大)后,曲线与未腐蚀高强混凝土棱柱体的应力-应变曲线上升段相似,近似呈线性增长趋势,高强混凝土基体部分弹性压缩,当高强混凝土试件应力接近峰值应力时能听到试件内部裂缝开裂的劈裂声,但试件表面无可见裂缝。

分界点之前曲线平缓的原因主要是腐蚀混凝土试件里存在着微裂缝和孔洞,混凝土腐蚀时间越长,腐蚀越严重,微裂缝与孔洞就越多。当腐蚀混凝土试件在很小的应力下,试件里存在的微裂缝和孔洞就会闭合,从宏观上产生较大的变形。第一段曲线十分平缓,斜率较小,初始变形最大点位于1~2MPa应力处;第二段曲线的斜率突然增大,在 80%~90% 倍峰值应力前,曲线斜率趋近于一个常数值,然后切线模量随着应力的增加而逐渐减小。随着应力越过峰值应力点,曲线逐渐减小,由正值开始变成负值,混凝土的塑性变形开始增加,随着应变的继续增加,曲线就会越来越陡,此时混凝土内部各条微裂缝独立扩展,无交叉贯通,在棱柱体试件表面仍未发现宏观裂缝,所以此时可称为微裂纹的稳态扩展阶段。随着位移的继续增加,混凝土试件内粗骨料的界面与水泥砂浆将不断产生新的微裂缝并有较快发展,可以断断续续地听见棱柱体发出劈裂声,此时内部微裂缝增宽,不断地扩展与交会后,混凝土棱柱体试件表面将出现宏观裂缝。混凝土棱柱体试件的第一条裂缝基本发生在试件的中部位置,大致平行于受力方向,并随着位移的增加往下沿斜向对角线发展,混凝土的残余应力迅速降低。

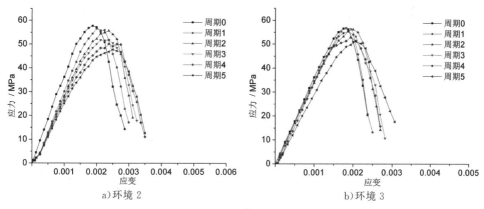

a)环境 2　　　　　　　　　　　　　　b)环境 3

图 4-9　C60 混凝土应力-应变曲线

一般来说,混凝土的物理力学性能指标离散性很大。当混凝土腐蚀程度很低时,混凝土的物理力学性能差异很小,所以在这种情况下少量试件的试验很难反映本构行为的变化特征;当混凝土腐蚀程度较高时,混凝土的物理力学性能损伤程度较大,与腐蚀程度很低的混凝土相比差异较大,能够较好地反映受腐蚀混凝土本构行为的损伤特征。腐蚀混凝土的单轴应力-应变关系随着腐蚀程度的不同存在着一定相似关系,同时存在着一定差异,虽然可以通过试验数据拟合得到相应周期的纯数学统计模型,但是很难建立统一的本构模型。本书依据不同腐蚀周期、腐蚀程度的混凝土之间的关系,在对试验数据进行分析的基础上基于损伤力学的相关理论,建立腐蚀混凝土单轴受压本构模型。

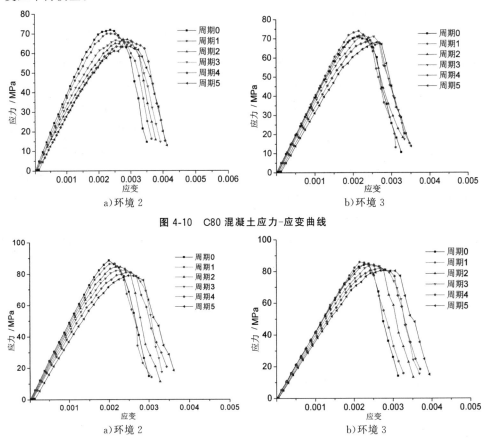

a) 环境 2　　　　　　　　　　　　b) 环境 3

图 4-10　C80 混凝土应力-应变曲线

a) 环境 2　　　　　　　　　　　　b) 环境 3

图 4-11　C100 混凝土应力-应变曲线

混凝土是粗细骨料与胶凝材料胶合而成的一种非均匀多相颗粒复合材料,高强混凝土中还掺有不同的矿物掺合料,所以混凝土中粗细骨料与水泥浆体的组成和分布具有较大的随机性。在此,可认为混凝土是由许多微小单元组成。这些微小单元可认为"宏观无穷小",同时可认为"微观无穷大"。"宏观无穷小"意为微小单元小到可以视为连续损伤力学的一个质点来考虑,而"微观无穷大"意为大到其中可包含浆体与界面中的许多微裂缝和微缺陷。混凝土是一种复合材料,在内部存在着强度不同的许多薄弱环节,因此各微小单元的强度也就不尽相同。已有许多文献指出,混凝土各微小单元断裂的过程服从 Weibull 分布。基于连续损伤力学理论,本书假设损伤变量满足三参数的 Weibull 分布,所以有:

$$D = 1 - \exp\left[-\left(\frac{x-r}{\alpha}\right)^{\beta}\right] \tag{4-23}$$

式中，α 为尺度参数，$\alpha > 0$；

β 为形状参数，$\beta > 0$；

r 为位置参数，在这里表示为试件腐蚀的开始点。

在本课题应用中，横坐标 x 体现为应变，则有：

$$D = 1 - \exp\left[-\left(\frac{\varepsilon-r}{\alpha}\right)^{\beta}\right] \tag{4-24}$$

式中，由连续损伤力学理论可知：

$$\sigma = E(1-D)\varepsilon \tag{4-25}$$

将式(4-25)代入式(4-24)中，则有

$$\sigma = E\varepsilon \exp\left[-\left(\frac{\varepsilon-r}{\alpha}\right)^{\beta}\right] \tag{4-26}$$

对上式求导得：

$$\begin{aligned}
\frac{\mathrm{d}\sigma}{\mathrm{d}\varepsilon} &= E\exp\left[-\left(\frac{\varepsilon-r}{\alpha}\right)^{\beta}\right] + E\exp\left[-\left(\frac{\varepsilon-r}{\alpha}\right)^{\beta}\right]\left[-m\left(\frac{\varepsilon-r}{\alpha}\right)^{\beta}\right] \\
&= E\exp\left[-\left(\frac{\varepsilon-r}{\alpha}\right)^{\beta}\right]\left[1-m\left(\frac{\varepsilon-r}{\alpha}\right)^{\beta}\right]
\end{aligned} \tag{4-27}$$

初始条件和几何条件：

①$\varepsilon = 0$，$\sigma = 0$。

②$\varepsilon = \varepsilon_{pr}$，$\sigma = \sigma_{pr}$。

③$\varepsilon = \varepsilon_{pr}$，$\frac{\mathrm{d}\sigma}{\mathrm{d}\varepsilon} = 0$。

其中，ε_{pr} 为曲线中峰值应变，σ_{pr} 为峰值应力。

由条件②和式(4-26)得：

$$\frac{\sigma_{pr}}{E\varepsilon_{pr}} = \exp\left[-\left(\frac{\varepsilon_{pr}-r}{\alpha}\right)^{\beta}\right] \tag{4-28}$$

由条件③和式(4-26)可得：

$$\left(\frac{\varepsilon_{pr}-r}{\alpha}\right)^{\beta} = \frac{1}{\beta} \tag{4-29}$$

由上两式，则可求出：

$$\beta = \frac{1}{\ln\dfrac{E\varepsilon_{pr}}{\sigma_{pr}}} \tag{4-30}$$

对式(4-30)两边取对数，可得：

$$\beta \ln \frac{\varepsilon_{pr} - r}{\alpha} = \ln \frac{1}{\beta} \qquad (4-31)$$

由式(4-30)与式(4-31)即可求得：

$$\alpha = \frac{\varepsilon_{pr} - r}{\left(\dfrac{1}{\beta}\right)^{\frac{1}{\beta}}} \qquad (4-32)$$

最后将 α、β 的值代入式(4-26)，可导出：

$$\sigma = E\varepsilon \exp\left[-\frac{1}{\beta}\left(\frac{\varepsilon - r}{\varepsilon_{pc} - r}\right)^{\beta}\right] \qquad (4-33)$$

式中，E 为 ε 对应点的切线模量；

   ε_{pc} 为峰值应变；

   β 为形状参数，$\beta = 1/\ln(E/E_{pr})$；

   E_{pr} 为过 ε_{pr} 点的峰值点的割线模量。

本书采用 Origin 拟合试验数据，确定其腐蚀参数，并可由式(4-33)得出腐蚀混凝土棱柱体试件的单轴受压应力-应变曲线，如图 4-12 所示，把所有周期的拟合曲线与试验曲线均放在图中较乱，所以本书只放了周期为 0 与周期为 5 的曲线对比，其他周期曲线同样适用，单掺粉煤灰混凝土曲线中各参数取值见表 4-5。

表 4-5　混凝土应力-应变曲线中各参数取值

混凝土强度等级	环境	周期	$E/$ ($\times 10^4$ Pa)	$E_{pr}/$ ($\times 10^4$ Pa)	$\sigma_{pr}/$ MPa	ε_{pc}	β
C60	2	0	3.65	3.04	56.08	0.00191	5.47
		1	3.39	2.73	54.40	0.00207	4.62
		2	3.21	2.35	52.70	0.00234	3.21
		3	3.15	2.24	49.89	0.00233	2.93
		4	3.05	2.03	47.28	0.00245	2.46
		5	2.88	1.89	46.30	0.00246	2.37
C60	3	0	3.38	2.90	54.01	0.00193	6.53
		1	3.52	2.79	56.50	0.00181	4.33
		2	3.34	2.44	54.51	0.00208	3.17
		3	3.17	2.22	53.57	0.00213	2.81
		4	3.08	2.05	52.39	0.00222	2.46
		5	2.93	1.90	50.64	0.00238	2.30

续表

混凝土 强度等级	环境	周期	$E/$ $(\times 10^4\,\text{Pa})$	$E_{pr}/$ $(\times 10^4\,\text{Pa})$	$\sigma_{pr}/$ MPa	ε_{pc}	β
C80	2	0	3.79	3.04	72.14	0.00239	4.51
		1	3.68	2.87	70.62	0.00245	4.01
		2	3.55	2.64	68.84	0.00255	3.38
		3	3.40	2.45	67.20	0.00267	3.07
		4	3.22	2.30	65.52	0.00280	2.98
		5	3.05	2.17	63.80	0.00293	2.93
C80	3	0	3.81	3.31	71.76	0.00223	7.15
		1	3.92	3.34	72.84	0.00216	6.26
		2	3.83	3.19	70.91	0.00226	5.48
		3	3.70	2.96	68.41	0.00239	4.50
		4	3.56	2.81	66.66	0.00245	4.21
		5	3.42	2.61	64.42	0.00258	3.71
C100	2	0	3.98	3.48	88.30	0.00253	7.51
		1	3.89	3.32	86.58	0.00260	6.34
		2	3.80	3.08	84.04	0.00273	4.78
		3	3.67	2.93	82.43	0.00281	4.41
		4	3.52	2.71	80.05	0.00295	3.84
		5	3.38	2.59	77.63	0.00301	3.75
C100	3	0	4.04	3.52	84.74	0.00241	7.22
		1	4.10	3.66	86.90	0.00229	8.88
		2	4.07	3.42	85.25	0.00248	5.77
		3	3.94	3.31	83.08	0.00257	5.72
		4	3.80	3.13	81.48	0.00268	5.16
		5	3.68	2.87	79.94	0.00281	4.02

　　从以上拟合曲线与试验曲线的对比图中可以看出,在混凝土构件达到峰值应力点之前,拟合曲线与试验曲线吻合度较好,但过了峰值应力点之后,出现试验曲线急剧下降、不能保持与拟合曲线相吻合的情况,主要原因是所用试验机刚度不够,不能保持匀速施加应变(位移),导致混凝土试件迅速破坏,致使试验曲线斜率迅速加大,混凝土试件破坏。

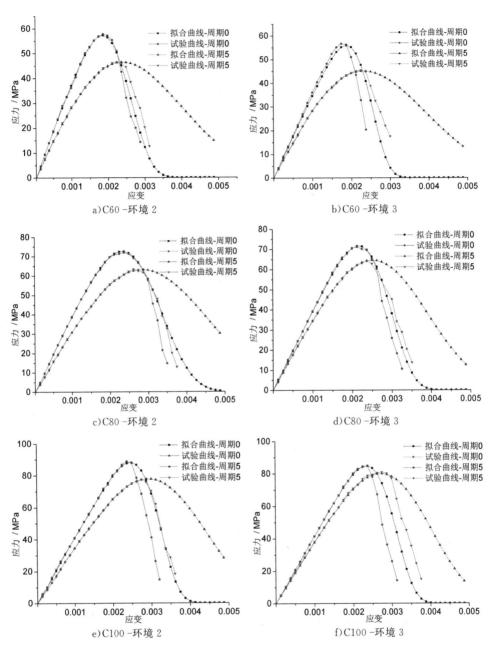

a)C60 -环境 2

b)C60 -环境 3

c)C80 -环境 2

d)C80 -环境 3

e)C100 -环境 2

f)C100 -环境 3

图 4-12　拟合曲线与试验曲线对比

4.3.2　双掺粉煤灰与硅灰高强混凝土

由图 4-13～图 4-15 可以看出,双掺粉煤灰与硅灰混凝土在应力-应变曲线总体形式上和单掺粉煤灰混凝土的应力-应变曲线没有太大的区别,未腐蚀混凝土应变近似于线性直线,而腐蚀混凝土应变在峰值应变点前主要分为两个阶段,第一个阶段比较平缓,第二个阶段与未腐蚀混凝土相似,近似于线性直线。腐蚀混凝土试件在受压初期,在较小的位移作用下就产生了一定的变形,曲线较为平缓,腐蚀时间越长,其初始曲线就越平缓,然后当曲线经过某分界点(分界点后曲线斜率突然增大)后,曲线与未腐蚀混凝土构件的应力-应变曲线上升段相似,近似呈线性增长趋势,混凝土基体部分弹性压缩,当混凝土试件应力接近峰值应力时能听到试件内部裂缝扩展的劈裂声。第一段曲线十分平坦,斜率较小,初始变形最大点位于$1\sim3\mathrm{MPa}$应力处;第二段曲线的斜率较大,在$80\%\sim90\%$倍峰值应力前,曲线斜率较稳定,然后切线模量随着应力的增加而逐渐减小。

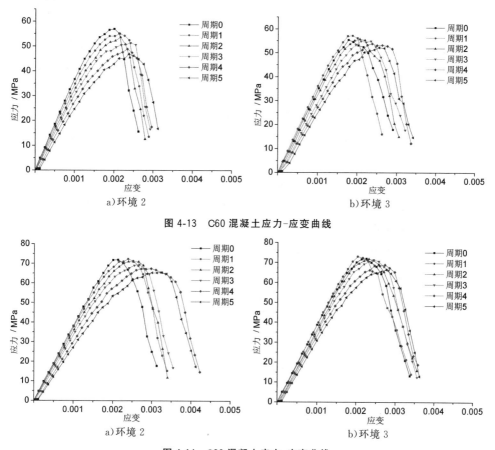

a)环境2　　　　　　　　　　b)环境3

图4-13　C60混凝土应力-应变曲线

a)环境2　　　　　　　　　　b)环境3

图4-14　C80混凝土应力-应变曲线

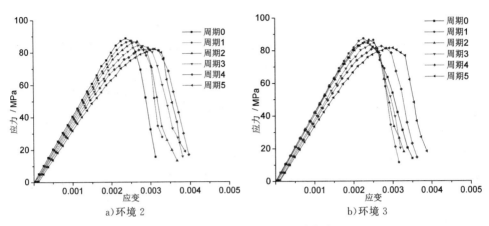

图 4-15　C100 混凝土应力-应变曲线

随着应变越过峰值应变点,曲线的斜率逐渐减小,混凝土的塑性变形开始增加。当应变刚超过峰值应变时,其曲线斜率开始变成负值,且曲线越来越陡,此时混凝土内部各条微裂纹独立扩展,无交叉贯通,试件表面仍无可见宏观裂缝。随着位移的继续增加,混凝土试件内粗骨料的界面与水泥砂浆将不断产生新的微裂缝并发展较快,劈裂声断续可闻,当裂缝增宽,由内向外不断扩展后,混凝土试件表面出现宏观裂缝。混凝土的第一条裂缝同样发生在试件高度的中部位置,大致平行于受力方向,并随着位移的增加往下沿斜向对角线发展,混凝土的残余应力迅速降低。

本节同样采用 Origin 拟合试验数据,确定其腐蚀参数,并由 4.3.1 节中的式(4-33)得出腐蚀混凝土试件的单轴受压应力-应变理论曲线,如图 4-16 所示。把所有周期的拟合曲线与试验曲线均放在图中较乱,所以本书只放了周期为 0 与周期为 5 的曲线对比,其他周期曲线同样适用,双掺粉煤灰与硅灰混凝土曲线中各参数取值见表 4-6。

表 4-6　混凝土应力-应变曲线中各参数取值

混凝土强度等级	环境	周期	$E/$ ($\times 10^4$ Pa)	$E_{pr}/$ ($\times 10^4$ Pa)	$\sigma_{pr}/$ MPa	ε_{pc}	β
C60	2	0	3.64	2.77	56.21	0.00202	3.67
		1	3.52	2.55	54.71	0.00213	3.12
		2	3.34	2.34	52.94	0.00227	2.81
		3	3.19	2.16	50.51	0.00233	2.57
		4	3.02	2.01	48.48	0.00250	2.46
		5	2.84	1.86	46.80	0.00267	2.37

续表

混凝土 强度等级	环境	周期	$E/$ $(\times 10^4 \mathrm{Pa})$	$E_{pr}/$ $(\times 10^4 \mathrm{Pa})$	$\sigma_{pr}/$ MPa	ε_{pc}	β
C60	3	0	3.41	2.84	55.21	0.00195	5.51
		1	3.53	2.97	56.45	0.00191	5.84
		2	3.37	2.70	55.51	0.00204	4.52
		3	3.13	2.50	54.57	0.00217	4.48
		4	3.04	2.22	53.39	0.00240	3.18
		5	2.94	1.90	51.64	0.00258	2.30
C80	2	0	3.74	3.26	72.57	0.00223	7.31
		1	3.67	2.98	71.62	0.00241	4.81
		2	3.53	2.78	70.44	0.00254	4.18
		3	3.40	2.56	68.80	0.00270	3.50
		4	3.22	2.36	66.82	0.00285	3.21
		5	3.01	2.06	64.90	0.00313	2.65
C80	3	0	3.78	3.16	71.47	0.00227	5.55
		1	3.89	3.36	73.14	0.00218	6.76
		2	3.77	3.14	72.01	0.00229	5.46
		3	3.63	2.93	70.81	0.00241	4.70
		4	3.55	2.53	68.62	0.00272	2.95
		5	3.44	2.29	66.32	0.00291	2.45
C100	2	0	3.97	3.64	88.51	0.00243	11.55
		1	3.87	3.39	87.18	0.00257	7.55
		2	3.81	3.18	86.04	0.00271	5.54
		3	3.69	2.94	84.53	0.00287	4.41
		4	3.60	2.75	82.05	0.00299	3.70
		5	3.49	2.53	81.23	0.00321	3.11

续表

混凝土 强度等级	环境	周期	$E/$ $(\times 10^4\,\mathrm{Pa})$	$E_{pr}/$ $(\times 10^4\,\mathrm{Pa})$	$\sigma_{pr}/$ MPa	ε_{pc}	β
C100	3	0	4.08	3.40	85.81	0.00252	5.52
		1	4.13	3.66	87.20	0.00239	8.28
		2	4.08	3.54	85.56	0.00241	7.07
		3	3.90	3.30	83.08	0.00252	6.00
		4	3.85	3.09	81.72	0.00267	4.55
		5	3.67	2.77	80.54	0.00291	3.55

　　从上面拟合曲线与试验曲线的对比图中可以看出,双掺粉煤灰与硅灰混凝土试件与单掺粉煤灰混凝土试件一样,在混凝土构件达到峰值应力点之前,拟合曲线与试验曲线吻合度较好,但过了峰值应力点之后,出现试验曲线急剧下降,不能保持与拟合曲线相吻合的情况,主要原因同样是所用试验机刚度不够,不能保持匀速施加应变(位移),导致混凝土试件迅速破坏,致使试验曲线斜率迅速加大,混凝土试件最终破坏。

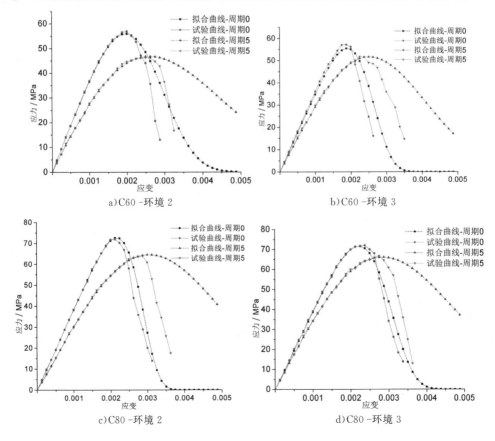

a)C60 -环境 2　　　　　　　　　　b)C60 -环境 3

c)C80 -环境 2　　　　　　　　　　d)C80 -环境 3

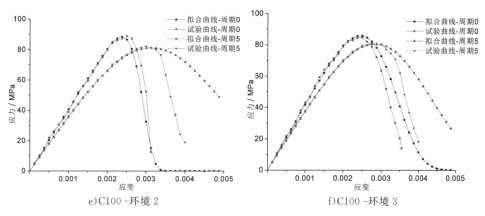

e)C100-环境2 　　　　　　　　f)C100-环境3

图 4-16　拟合曲线与试验曲线对比

4.4　劣化高强混凝土微观分析

4.4.1　单掺粉煤灰高强混凝土

采用 D/Max-3B 型 X 射线衍射仪对环境 1 与环境 3 中强度等级为 C60、C80 与 C100 单掺粉煤灰高强混凝土,分别在周期 1、周期 3 与周期 5 时进行物质组成分析,结果如图 4-17 所示。

由图 4-17 可知,两种环境中三个强度等级的单掺粉煤灰混凝土生成的物质基本相同,因为各配方都采用相同的材料,不同的是具体的含量有所区别。各强度等级的混凝土在周期 1 的时间内在 $2\theta=23.975°$、$2\theta=29.574°$附近出现了明显的衍射峰,在周期 3 的时间内,在 $2\theta=23.984°$、$2\theta=29.640°$附近出现了明显的衍射峰,在周期 5 的时间内,在 $2\theta=23.992°$、$2\theta=29.646°$附近出现了明显的衍射峰,经分析这些角度的特征衍射峰是 $CaCO_3$ 的成分;各强度等级的混凝土在周期 1 的时间内在 $2\theta=20.953°$、$2\theta=26.634°$附近出现了明显的衍射峰,在周期 3 的时间内,在 $2\theta=20.983°$、$2\theta=26.643°$附近出现了明显的衍射峰,在周期 5 的时间内,在 $2\theta=20.993°$、$2\theta=26.646°$附近出现了明显的衍射峰,经分析这些角度的特征衍射峰是 SiO_2 的成分;各强度等级的混凝土在周期 1 的时间内在 $2\theta=20.945°$、$2\theta=31.026°$附近出现了明显的衍射峰,在周期 3 的时间内,在 $2\theta=20.951°$、$2\theta=31.029°$附近出现了明显的衍射峰,在周期 5 的时间内,在 $2\theta=20.962°$、$2\theta=31.033°$附近出现了明显的衍射峰,经分析,这些角度的特征衍射峰是 C_2S 的成分;各强度等级的混凝土在周期 1 的时间内在 $2\theta=45.123°$、$2\theta=47.634°$附近出现了明显的衍射峰,在周期 3 的时间内,在 $2\theta=45.131°$、$2\theta=47.643°$ 附近出现了明显的衍射峰,在周期 5 的时间内,在 $2\theta=45.133°$、$2\theta=47.646°$ 附近出现了明显的衍射峰,经分析,这些角度的特征衍射峰是 $Ca(OH)_2$ 的成分;各强度等级的混凝土在周期 1 的时间内在 $2\theta=33.123°$、$2\theta=35.634°$ 附近出现了明显的衍射峰,在周期 3 的时间内,在 $2\theta=33.131°$、$2\theta=35.643°$ 附近出现了明显的衍射峰,在周期 5 的时间内,在 $2\theta=33.133°$、$2\theta=34.646°$ 附近出现了明显的衍射峰,经分析,这些角度的特征衍射峰是钙矾石的成分;各强度等级的混凝土在周期 1 的时间内在 $2\theta=8.523°$ 附近出现了明显的衍射峰,在周期 3 的时间内,在 $2\theta=8.531°$ 附近出现了明显的衍射峰,在周期 5 的时间内,在 $2\theta=8.534°$ 附近出现了明显的衍射峰,经分析,这些角度的特征衍射峰是石膏的成分。

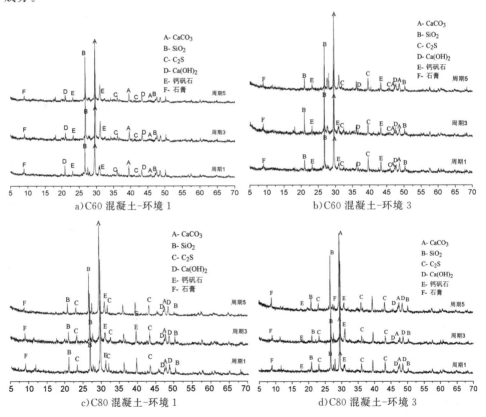

a)C60 混凝土-环境 1

b)C60 混凝土-环境 3

c)C80 混凝土-环境 1

d)C80 混凝土-环境 3

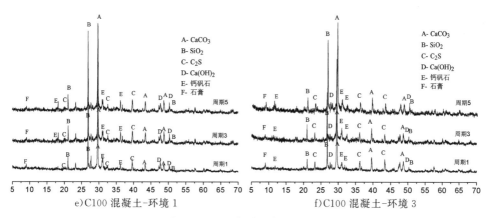

e）C100 混凝土-环境 1　　　　　　　　f）C100 混凝土-环境 3

图 4-17　物质组成分析

经分析可知，随着试验周期的增加，$CaCO_3$ 产生的主要原因是环境中的 CO_2 与 $Ca(OH)_2$ 发生化学反应，即混凝土的碳化作用；SiO_2 与 $Ca(OH)_2$ 产生的主要原因为水泥的水化作用；C_2S 为水泥的主要成分之一；钙矾石（AFt）与石膏是由水泥的水化产物 C—A—H 与环境中的 SO_4^{2-} 发生了相关的化学反应而生成的。

利用 Venus 200 波长色散 X 射线荧光光谱仪对上面选取的单掺粉煤灰高强混凝土进行化学成分分析，结果见表 4-7。

表 4-7　单掺粉煤灰高强混凝土化学成分分析

（质量百分比，%）

混凝土强度等级	环境	周期	NaO	MgO	SO_3	SiO_2	CaO	Fe_2O_3	其他
C60	1	1	2.4	2.3	4.65	37.8	37.8	2.9	12.15
		3	3.1	1.4	6.44	38.6	36.8	2.8	10.86
		5	3.1	3.3	7.97	37.9	36.5	2.6	8.63
C60	3	1	2.4	2.4	5.28	38.9	38.8	3.0	9.22
		3	3.1	4.5	7.58	39.4	38.6	2.8	4.02
		5	3.2	2.4	8.87	39.1	38.0	2.7	5.73
C80	1	1	2.4	2.5	4.23	40.8	39.1	3.0	7.97
		3	2.7	2.5	5.99	39.5	39.9	3.0	6.41
		5	2.8	3.5	7.54	39.9	38.1	2.8	5.36

续表

混凝土强度等级	环境	周期	NaO	MgO	SO$_3$	SiO$_2$	CaO	Fe$_2$O$_3$	其他
C80	3	1	2.4	2.4	5.08	40.4	38.4	3.0	8.32
		3	3.2	2.5	6.98	39.2	38.0	2.9	7.22
		5	2.8	1.5	8.97	38.6	36.4	2.7	9.03
C100	1	1	2.3	2.6	4.05	42.1	40.0	3.0	5.35
		3	3.0	2.6	5.14	39.1	36.5	2.8	10.56
		5	3.2	3.6	6.57	38.0	38.1	2.6	7.93
C100	3	1	2.4	2.3	3.28	37.4	37.7	3.0	13.92
		3	3.1	3.5	5.08	38.3	37.1	2.2	11.62
		5	2.6	2.3	7.37	37.1	35.9	2.7	14.03

通过对单掺粉煤灰高强混凝土不同环境的化学成分进行分析可知,随着腐蚀时间的增长,同强度等级同周期的环境 3 中的 SO$_3$ 比环境 1 中的大,主要因为环境 3 为纯硫酸盐腐蚀环境,而环境 1 为耦合环境,其中存在部分的酸性离子,这些酸性离子与水泥水化产物 Ca(OH)$_2$、C—A—H 和 C—S—H 发生"中和"或分解反应生成可溶性的钙盐流失,其中一部分与 SO$_4^{2-}$ 发生反应生成 CaSO$_4$·2H$_2$O 而滞留在腐蚀层中。

通过对单掺粉煤灰高强混凝土不同周期的化学成分进行分析可知,随着腐蚀时间的增长,SO$_3$ 的质量百分比不断地增大,主要是因为随着时间的增长,环境中的 SO$_4^{2-}$ 对混凝土的侵蚀不断地加大加深,直到与混凝土的反应达到饱和最大值。

通过对单掺粉煤灰不同强度等级的高强混凝土化学成分进行分析可知,混凝土强度等级越高,有害离子对高强混凝土的腐蚀速率越慢,抗腐蚀能力越好。

4.4.2 双掺粉煤灰与硅灰高强混凝土

采用 D/Max-3B 型 X 射线衍射仪对环境 1 与环境 3 中强度等级为 C60、C80 与 C100 双掺粉煤灰与硅灰高强混凝土,分别在周期 1、周期 3 与周期 5 时进行物质组成分析,结果如图 4-18 所示。由图 4-18 可知,两种环境中三个强度等级的双掺粉煤灰混凝土生成的物质基本相同。各强度等级的混凝土在周期 1 的时间内在 $2\theta = 28.775°$、$2\theta = 39.544°$ 附近出现了明显的衍射峰,在周期 3 的时间内,在 $2\theta = 28.784°$、$2\theta = 39.540°$ 附近出现了明显的衍射峰,在周期 5 的时间内,在 $2\theta = 28.792°$、$2\theta = 39.546°$ 附近出现了明显的衍射峰,经分析这些角度的特征衍射峰是 CaCO$_3$ 的成分;各强度等级的混凝土在周期 1 的时间内在 $2\theta = 16.753°$、$2\theta = 24.634°$ 附近出现了明显的衍射峰,在周期 3 的时间内,在 $2\theta = 16.783°$、$2\theta = 24.643°$ 附近出现了明显的衍射峰,在周期 5 的时间内,在 $2\theta = 16.993°$、$2\theta = 24.646°$ 附近出现了明显的衍射峰,经分析,这些角度的特征衍射峰是 SiO_2 的成分;各强度等级的混凝土在周期 1 的时间内在 $2\theta = 22.845°$、$2\theta = 34.126°$ 附近出现了明显的衍射峰,在周期 3 的时间内,在 $2\theta = 22.851°$、$2\theta = 34.129°$ 附近出现了明显的衍射峰,在周期 5 的时间内,在 $2\theta = 22.862°$、$2\theta = 34.133°$ 附近出现了明显的衍射峰,经分析,这些角度的特征衍射峰是 C_2S 的成分;各强度等级的混凝土在周期 1 的时间内在 $2\theta = 45.123°$、$2\theta = 34.534°$ 附近出现了明显的衍射峰,在周期 3 的时间内,在 $2\theta = 45.131°$、$2\theta = 34.543°$ 附近出现了明显的衍射峰,在周期 5 的时间内,在 $2\theta = 45.133°$、$2\theta = 34.546°$ 附近出现了明显的衍射峰,经分析,这些角度的特征衍射峰是 $Ca(OH)_2$ 的成分;各强度等级的混凝土在周期 1 的时间内在 $2\theta = 11.423°$、$2\theta = 28.584°$ 附近出现了明显的衍射峰,在周期 3 的时间内,在 $2\theta = 11.421°$、$2\theta = 28.583°$ 附近出现了明显的衍射峰,在周期 5 的时间内,在 $2\theta = 11.425°$、$2\theta = 28.586°$ 附近出现了明显的衍射峰,经分析,这些角度的特征衍射峰是钙矾石的成分;各强度等级的混凝土在周期 1 的时间内在 $2\theta = 8.715°$ 附近出现了明显的衍射峰,在周期 3 的时间内,在 $2\theta = 8.717°$ 附近出现了明显的衍射峰,在周期 5 的时间内,在 $2\theta = 8.718°$ 附近出现了明显的衍射峰,经分析,这些角度的特征衍射峰是石膏的成分。

经分析可知,$CaCO_3$ 产生的主要原因是随着试验周期的增加,环境中的 CO_2 与 $Ca(OH)_2$ 发生化学反应,即混凝土的碳化作用;SiO_2 与 $Ca(OH)_2$ 产生的主要原因为水泥的水化作用;C_2S 为水泥的主要成分之一;钙矾石(AFt)与石膏是由水泥的水化产物 C—A—H 与环境中的 SO_4^{2-} 发生了相关的化学反应而生成。

利用 Venus 200 波长色散 X 射线荧光光谱仪对双掺粉煤灰与硅灰高强混凝土进行化学成分分析,结果见表 4-8。

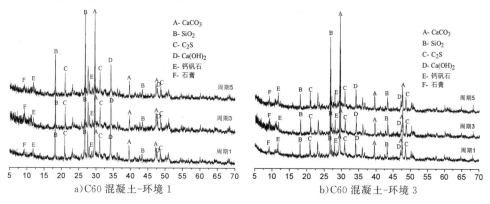

a)C60 混凝土-环境 1　　　　　　　　b)C60 混凝土-环境 3

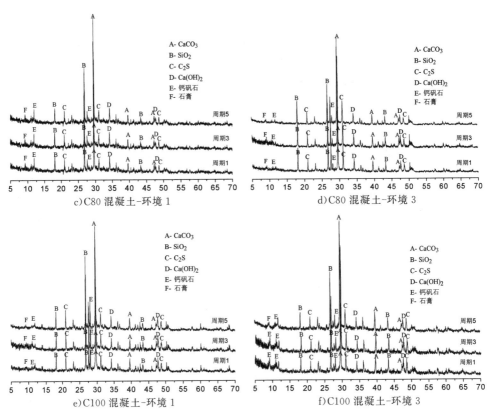

c) C80 混凝土-环境 1

d) C80 混凝土-环境 3

e) C100 混凝土-环境 1

f) C100 混凝土-环境 3

图 4-18　物质组成分析

表 4-8　双掺粉煤灰与硅灰混凝土化学成分分析　　　（质量百分比，%）

混凝土强度等级	环境	周期	NaO	MgO	SO₃	SiO₂	CaO	Fe₂O₃	其他
C60	1	1	2.4	2.1	4.73	36.1	48.4	3.2	3.1
		3	2.6	1.6	5.84	35.1	46.6	2.3	6.0
		5	3.7	4.1	7.76	47.6	30.2	3.3	3.3
C60	3	1	2.8	2.9	5.36	30.1	38.1	3.8	16.9
		3	3.6	5.7	7.98	39.3	40.6	2.6	7.2
		5	2.8	2.1	8.47	33.8	31.8	3.0	18.0
C80	1	1	2.5	3.0	4.59	39.9	32.4	3.5	14.1
		3	2.5	3.0	5.19	36.4	35.2	2.8	14.9
		5	3.5	4.2	7.21	34.4	45.3	3.4	5.0

续表

混凝土强度等级	环境	周期	NaO	MgO	SO₃	SiO₂	CaO	Fe₂O₃	其他
C80	3	1	2.1	2.9	5.08	34.3	30.8	3.3	21.5
		3	3.7	2.1	6.34	38.8	34.0	3.0	12.1
		5	3.1	1.4	7.47	43.5	34.3	3.1	7.4
C100	1	1	2.8	2.9	4.16	36.5	32.3	3.8	17.5
		3	3.4	2.5	4.94	39.3	32.3	2.8	14.8
		5	3.9	3.2	5.73	42.4	36.1	2.4	5.3
C100	3	1	2.1	1.9	3.58	38.4	42.7	3.1	8.2
		3	3.6	3.9	5.41	42.2	35.9	1.9	8.1
		5	2.4	2.1	5.97	36.1	38.4	3.2	10.1

通过对双掺粉煤灰与硅灰高强混凝土不同环境的化学成分进行分析可知,同强度等级同周期的环境 3 中的 SO_3 含量比环境 1 中的多,主要因为环境 3 为纯硫酸盐腐蚀环境,而环境 1 为耦合环境,其中存在部分酸性离子,这些酸性离子与水泥水化产物 $Ca(OH)_2$、C—A—H 和 C—S—H 发生"中和"或分解反应生成可溶性的钙盐流失,其中一部分与 SO_4^{2-} 发生反应生成 $CaSO_4 \cdot 2H_2O$ 而滞留在腐蚀层中。

通过对双掺粉煤灰与硅灰高强混凝土不同周期的化学成分进行分析可知,随着腐蚀时间的增长,SO_3 的质量百分比不断地增大,主要是因为随时间的增长,环境中的 SO_4^{2-} 对混凝土的侵蚀不断地加大加深,直到与混凝土的反应达到饱和的最大值。

通过对双掺粉煤灰与硅灰不同强度等级的高强混凝土化学成分进行分析可知,混凝土强度等级越高,有害离子对高强混凝土的腐蚀速率越慢,混凝土抗腐蚀能力越好。

4.5 本章小结

(1)随着腐蚀周期的增加,同强度等级不同环境中腐蚀的单掺粉煤灰高强混凝土、双掺粉煤灰与硅灰高强混凝土抗压强度变化规律并不相同,环境 1 的混凝土立方体试件抗压强度损失率小于环境 2 的混凝土强度损失率,而环境 3 中的混凝土强度损失率最大,即 $p_{环境1损} < p_{环境2损} < p_{环境3损}$。对于不同的强度等级在相同的环境中,强度高的混凝土强度损失率小于强度等级低的,即 $p_{C100损} < p_{C80损} < p_{C60损}$。在环境 1 与环境 2 中,混凝土的强度随着周期的增加而不断降低,环境 3 中混凝土的强度随着周期的增加先

增大再降低。

(2)腐蚀高强混凝土棱柱体单轴受压试验过程的情况和未腐蚀高强混凝土大致相同,但也存在一些特别之处:腐蚀高强混凝土的应力-应变曲线在峰值应变点前主要分为两个阶段,第一个阶段比较平缓,第二个阶段近似于线性直线。腐蚀时间越长,其初始曲线越平缓,在同应力的情况下应变越大。当曲线经过某分界点后,曲线近似呈线性增长趋势,当高强混凝土试件应力接近峰值应力时能听到试件内部裂缝扩展的劈裂声,但高强混凝土试件表面无可见裂缝。腐蚀高强混凝土试件在很小的应力下,微裂纹和孔洞就会闭合,进而产生较大的变形,混凝土腐蚀越严重,这种情况就越明显。

(3)基于三参数的 Weibull 分布建立了腐蚀高强混凝土单轴受压本构模型。腐蚀高强混凝土的理论应力-应变曲线与试验曲线在峰值应力点之前比较接近,而由于试验机刚度的影响试验结束较快,所以下降段的坡度较陡。不管是单掺粉煤灰高强混凝土还是双掺粉煤灰与硅灰高强混凝土,只要确定腐蚀参数,就能得到相应的单轴受压应力-应变曲线。

(4)分别对单掺粉煤灰高强混凝土、双掺粉煤灰与硅灰高强混凝土进行了物质组成分析,得到了其主要生成产物为 $CaCO_3$、SiO_2、C_2S、$Ca(OH)_2$、钙矾石(AFt)与石膏等,然后又对其进行了化学成分分析,得到了相关的数据。

第 5 章

深厚表土环境中 RC 井壁结构力学性能数值计算

本章有限元分析的目的是在仅考虑钢筋混凝土井壁结构自身的作用效应下,研究随疏水时间的增长(竖向附加力增加)情况,各种表土深度中钢筋混凝土井壁结构的首次开裂时间、裂缝发展阶段、整体破坏阶段,以及各对应时间的应力、应变等内容,揭示钢筋混凝土井壁结构的破裂机理。

5.1 计算方案

利用 ANSYS 软件对钢筋混凝土井壁结构整体模型进行弹塑性数值计算研究,得到其力学性能。在计算中,本书采用弹塑性三维单元进行数值模拟。本书将各表土层厚度中的井壁当作在水平地压(环向压力)、井壁自重与竖向附加力共同作用下的结构进行弹塑性数值计算研究,研究井壁结构破裂的力学机理。

表 5-1 为拟进行的井壁结构力学性能弹塑性数值计算方案。

表 5-1 井壁结构力学性能弹塑性数值计算方案

序号	表土深度/m	计算数量/个	材料劣化	计算成果
1	138(厚表土)	1	否	井壁破裂的时间、形态、位置和发展过程;井壁在不同荷载阶段的径向、环向与竖向应力分布;井壁在不同荷载阶段的径向、环向与竖向应变分布
2	206(中厚表土)	1	否	
3	475(深厚表土)	1	否	
4	750(巨厚表土)	1	否	

5.2　钢筋混凝土井壁结构破坏的弹塑性理论

5.2.1　基本假定

基本假定包括以下内容：

（1）井壁结构内任意一部分可以同时包含四种不同的材料：混凝土和三种相互独立的钢筋材料；

（2）混凝土材料被假定为初始各向同性材料，除含有塑性性能外，混凝土材料能够在定向积分点上出现开裂和压碎，此时，塑性在开裂和压碎以前发生；

（3）无论什么时候在单元中利用钢筋性能，钢筋只有单轴的刚度且被假定模糊分散在周围单元中，通过给定的角度实现钢筋的定位；

（4）在每个积分点三个正交的主方向上都允许开裂，如果裂缝在一个积分点出现后，可以通过调整材料参数模拟开裂，即将裂缝有效作为模糊开裂区域对待，而不是当作不连续的裂缝。

5.2.2　线弹性应力-应变关系

计算单元应力-应变关系的总刚度矩阵表达式为：

$$[D] = \left\{ 1 - \sum_{i=1}^{N_r} V_i^R \right\} [D^c] + \sum_{i=1}^{N_r} V_i^R [D^r]_i \tag{5-1}$$

式中，N_r 表示加固材料的数目（最多可以设置三种），若 M1＝0，则没有加固物；若 M1、M2、M3 等于混凝土材料的编号，则不能忽略加固物。V_i^R 表示加固的体积率，也可以理解为钢筋的配筋率。

$[D^c]$ 表示混凝土的刚度矩阵，是通过在各向同性材料中插入各向异性的应力-应变关系而得到的，可以表示为：

$$[D^c] = \frac{E}{(1+\nu)(1-2\nu)} \begin{bmatrix} (1-\nu) & \nu & \nu & 0 & 0 & 0 \\ \nu & (1-\nu) & \nu & 0 & 0 & 0 \\ \nu & \nu & (1-\nu) & 0 & 0 & 0 \\ 0 & 0 & 0 & \frac{(1-2\nu)}{2} & 0 & 0 \\ 0 & 0 & 0 & 0 & \frac{(1-2\nu)}{2} & 0 \\ 0 & 0 & 0 & 0 & 0 & \frac{(1-2\nu)}{2} \end{bmatrix}$$

$$\tag{5-2}$$

式中,E 表示弹性模量;V 表示泊松比。

$[D^r]_i$ 表示第 i 个加固物(钢筋)的刚度矩阵,在单元局部坐标系下,钢筋的应力-应变关系可以表示如下:

$$\begin{Bmatrix} \sigma^r_{xx} \\ \sigma^r_{yy} \\ \sigma^r_{zz} \\ \sigma^r_{xy} \\ \sigma^r_{yz} \\ \sigma^r_{zx} \end{Bmatrix} = \begin{bmatrix} E^r_j & 0 & 0 & 0 & 0 & 0 \\ 0 & 0 & 0 & 0 & 0 & 0 \\ 0 & 0 & 0 & 0 & 0 & 0 \\ 0 & 0 & 0 & 0 & 0 & 0 \\ 0 & 0 & 0 & 0 & 0 & 0 \\ 0 & 0 & 0 & 0 & 0 & 0 \end{bmatrix} \begin{Bmatrix} \varepsilon^r_{xx} \\ \varepsilon^r_{yy} \\ \varepsilon^r_{zz} \\ \varepsilon^r_{xy} \\ \varepsilon^r_{yz} \\ \varepsilon^r_{zx} \end{Bmatrix} = [D^r]_i \begin{Bmatrix} \varepsilon^r_{xx} \\ \varepsilon^r_{yy} \\ \varepsilon^r_{zz} \\ \varepsilon^r_{xy} \\ \varepsilon^r_{yz} \\ \varepsilon^r_{zx} \end{Bmatrix} \tag{5-3}$$

由式(5-3)可知,只有在 X^r_i 轴上的应力分量是非零。θ_i 表示加固方向 X^r_i 轴在 $X-Y$ 平面上的投影与 X 轴之间的夹角。φ_i 代表着 X^r_i 轴与 $X-Y$ 平面的夹角。

5.2.3 塑性本构模型

混凝土常用的屈服准则共有五种,它们分别是 Tresca 屈服准则、Von-Mises 屈服准则、Mohr-Coulomb 屈服准则、Drucker-Prager 屈服准则、Zienkiewicz-Pande 屈服准则。

Drucker-Prager 屈服准则与 Mohr-Coulomb 准则近似,它修正了 Von-Mises 屈服准则,即在 Von-Mises 表达式中包含一个附加项。其屈服面并不是随着材料的逐渐屈服而改变,因此没有强化准则,塑性行为被假定为理想弹塑性,然而其屈服强度随着侧压力(静水应力)的增加而相应增加。另外,这种材料考虑了由于屈服而引起的体积膨胀,但不考虑温度变化的影响。所以此材料适用于混凝土、岩石和土壤等颗粒状材料。

本书选用 Drucker-Prager 屈服准则:

$$f = aI_1 + \sqrt{J_2} - K = 0 \tag{5-4}$$

$$I_1 = \sigma_{ii} = \sigma_1 + \sigma_2 + \sigma_3 = \sigma_x + \sigma_y + \sigma_z \tag{5-5}$$

$$J_2 = \frac{1}{2} S_i S_i = \frac{1}{6} \left[(\sigma_1 - \sigma_2)^2 + (\sigma_2 - \sigma_3)^2 + (\sigma_3 - \sigma_1)^2 \right] \tag{5-6}$$

$$a = \frac{\sin\varphi}{\sqrt{3}(3 - \sin\varphi)} \tag{5-7}$$

$$K = \frac{6c\cos\varphi}{\sqrt{3} \times (3 - \sin\varphi)} \tag{5-8}$$

式中,I_1 为应力张量第一不变量;

J_2 为应力偏量第二不变量;

c 为黏聚力(kPa);

φ 为内摩擦角(°)。

该准则与 Mohr-coulomb 准则近似,以此来修正 Von—Mises 屈服准则。该准则适用于岩土等材料,相应的等效应力表达式为:

$$\sigma_e = 3\beta\sigma_m + \left[\frac{1}{2}\{S\}^T\{M\}\{S\}\right]^{\frac{1}{2}} \tag{5-9}$$

式中,σ_m 为平均应力或静水压力;

　　　$\{S\}$ 为偏差应力;

　　　$\{M\}$ 为米塞斯屈服准则。

材料常数 β 表达式如下:

$$\beta = \frac{2\ \sin\varphi}{\sqrt{3} \times (3 - \sin\varphi)} \tag{5-10}$$

式中,φ 为内摩擦角(°)。

材料屈服参数为:

$$\sigma_y = \frac{6c\ \cos\varphi}{\sqrt{3}(3 - \sin\varphi)} \tag{5-11}$$

式中,c 为黏聚力值。

则屈服准则的表达式又可表达如下:

$$F = 3\beta\sigma_m + \left[\frac{1}{2}\{S\}^T\{M\}\{S\}\right]^{\frac{1}{2}} - \sigma_y = 0 \tag{5-12}$$

当 $\varphi > 0$ 时,在主应力空间中,Drucker-prager 屈服准则的屈服面是一个 Mohr-Coulomb 六边形锥体的外接圆锥;当 $\varphi = 0$ 时,Drucker-prager 格屈服准则就是 Von-Mises 屈服准则。

1. 流动法则

在加载过程中,塑性区会逐渐扩大并产生塑性变形,材料发生破坏。塑性区材料在继续加载过程中塑性应变增量方向的规定称为流动法则。任何加工硬化(或软化)材料在不同的应力状态时,具有不同的塑性应变能 W_P,在主应力空间中将塑性应变能相同的点连起来形成的曲面,称为塑性势面。流动法则规定主应力空间中任意点的塑性应变增量始终与过该点的塑性势面正交。由此可得塑性应变增量的表达式为:

$$\{d\varepsilon^P\} = d\lambda \frac{\partial Q(\sigma)}{\partial\{\sigma\}} \tag{5-13}$$

式中,$Q(\sigma)$ 为塑性势函数;

　　　$d\lambda$ 为确定应变增量大小的单符号乘子。

塑性势面 $Q(\sigma)$ 与材料的屈服面 $F(\sigma)$ 一般不重合。假设塑性势面与屈服面重合,得到的流动法则称为相适应的流动法则;反之,则称为不相适应的流动法则。相适应

的流动法则表达式为:

$$\{d\varepsilon^{p}\} = d\lambda \frac{\partial F(\sigma)}{\partial\{\sigma\}} \tag{5-14}$$

2. 硬化定律

硬化定律定义为描述塑性区材料的后继屈服面在主应力空间中随塑性应变的发展而变化的方式。硬化定律用来分析塑性区材料的应力状态。具有硬化特性的材料,若应力状态从一个屈服面(初始屈服面)上开始增大,就会发生塑性变形,塑性能发生变化,屈服面将向外扩张成为一个新的面(称为后继屈服面)。应力路径不能反映硬化程度,总的塑性能与应力水平唯一对应。

在流动法则中,$d\lambda$ 这个因素可以假定为:

$$d\lambda = \frac{1}{A} \frac{\partial f}{\partial\sigma_{ij}} d\sigma_{ij} = (-) \frac{1}{A} \frac{\partial f}{\partial H} dH \tag{5-15}$$

式中,f 是屈服条件函数;

　　A 是硬化参数 H 的函数。

5.2.4　破坏准则

混凝土的破坏准则是在试验的基础上,考虑混凝土的特点而求出来的。混凝土单轴受压的破坏公式有 Hongnested 表达式、指数形式表达式和 Saenz 表达式等;双轴荷载下的破坏准则有修正莫尔-库仑准则、Kupfer 公式、多折线公式及双参数公式等;三轴受力的古典强度理论有最大正应力理论、最大剪应力理论、第四强度理论和Drucker-Prager 破坏准则等,由于古典强度理论中的材料参数为一个或两个,很难完全反映混凝土破坏曲面的特征,所以研究人员结合混凝土的破坏特点,提出了包含更多参数的破坏准则。多参数模型大多基于强度试验的统计而进行曲线拟合,有 Bresler-Pister 三参数模型、William-Warnke 三参数模型、Ottosen 四参数模型和 William-Warnke五参数模型。

ANSYS 中的混凝土材料可以预测脆性材料的失效行为。同时考虑了开裂和压碎失效模拟。多轴应力状态下混凝土的失效准则表达式如下:

$$\frac{F}{f_c} - S \geqslant 0 \tag{5-16}$$

式中,F 是主应力(σ_{xp},σ_{yp},σ_{zp})的函数;

　　S 表示失效面,是关于主应力及 f_t,f_c,f_{cb},f_1,f_2 五个参数的函数;

　　f_c 是单轴抗拉强度。

若应力状态不满足,则不发生开裂或压碎。应力状态满足后,若有拉伸应力将导致开裂,若有压缩应力将导致压碎。其实,ANSYS 中采用的失效面模型就是 William-Warnke 五参数强度模型。需要输入的五个参数的具体含义见表 5-2。

表 5-2 六参数的具体含义

符号	含义
f_t	单轴极限抗拉强度
f_c	单轴极限抗压强度
f_{cb}	等压极限抗压强度
σ_h^a	静水压力
f_1	静水压力下双轴抗压强度
f_2	静水压力下单轴抗压强度

此外,在静水压力较小时,即 $|\sigma_h| \leqslant \sqrt{3} f_c [\sigma_h = 1/3(\sigma_{xp} + \sigma_{yp} + \sigma_{zp})]$,失效面也可以仅通过参数 f_t 和 f_c 来指定,其他三个参数采用 William-Warnke 强度模型的默认值:$f_{cb} = 1.2 f_c$、$f_1 = 1.45 f_c$、$f_2 = 1.725 f_c$。当围压较高时,五个参数必须全部给出,否则将导致混凝土模型计算结果不正确。

由于 F 和 S 都可以用主应力 σ_1、σ_2、σ_3 表示,而三个主应力有四种取值范围,因此混凝土失效行为也可以分为四个范围。在每一个范围内都是一对独立的 F 和 S,在这里给出 F 和 S 的一些基本的表达式是为了说明在不同的应力状态下,所采用的破坏模型也是不一样的,这对于正确理解分析结果是有帮助的。

(1)$0 \geqslant \sigma_1 \geqslant \sigma_2 \geqslant \sigma_3$(压-压-压)

在压-压-压应力状态下,F 和 S 的表达式如下:

$$F = F_1 = \frac{1}{\sqrt{15}} \left[(\sigma_1 - \sigma_2)^2 + (\sigma_2 - \sigma_3)^2 + (\sigma_3 - \sigma_1)^2 \right]^{1/2} \tag{5-17}$$

$$S = S_1 = \frac{2r_2(r_2^2 - r_1^2)\cos\eta + r_2(2r_1 - r_2)\left[4(r_2^2 - r_1^2)\cos^2\eta + 5r_1^2 - 4r_2 r_1\right]^{1/2}}{4(r_2^2 - r_1^2)\cos^2\eta + (r_2^2 - r_1^2)^2} \tag{5-18}$$

如果此失效面得到满足,那么材料将被压碎。

(2)$\sigma_1 \geqslant 0 \geqslant \sigma_2 \geqslant \sigma_3$(拉-压-压)

$$F = F_1 = \frac{1}{\sqrt{15}} \left[\sigma_2^2 + (\sigma_2 - \sigma_3)^2 + \sigma_3^2 \right]^{1/2} \tag{5-19}$$

$$S = S_2 = \left(1 - \frac{\sigma_1}{f_t}\right) \frac{2p_2(p_2^2 - p_1^2)\cos\eta + p_2(2p_1 - p_2)\left[4(p_2^2 - p_1^2)\cos^2\eta + 5p_1^2 - 4p_2 p_1\right]^{1/2}}{4(p_2^2 - p_1^2)\cos^2\eta + (p_2^2 - p_1^2)^2} \tag{5-20}$$

如果应力状态满足失效准则,那么裂缝将出现在垂直主应力 σ_1 的平面上。

（3）$\sigma_1 \geqslant \sigma_2 \geqslant 0 \geqslant \sigma_3$（拉－拉－压）

$$F = F_3 = \sigma_j, j = 1, 2 \tag{5-21}$$

$$S = S_3 = \frac{f_t}{f_c} \left(1 + \frac{\sigma_3}{f_c} \right), i = 1, 2 \tag{5-22}$$

如果 $i = 1$、2 的应力状态满足失效准则，那么裂缝将出现在垂直主应力 σ_1、σ_2 的面上。若应力状态只在 $i = 1$ 时满足失效准则，则裂缝只出现在垂直主应力 σ_1 的平面上。

（4）$\sigma_1 \geqslant \sigma_2 \geqslant \sigma_3 \geqslant 0$（拉－拉－拉）

$$F = F_4 = \sigma_i, i = 1, 2, 3 \tag{5-23}$$

$$S = S_4 = \frac{f_t}{f_c} \tag{5-24}$$

如果应力状态在 1、2、3 三个方向上都得到满足，那么裂缝将出现在垂直主应力 σ_1、σ_2、σ_3 的平面上；如果应力状态在 1、2 两个方向上都得到满足，那么裂缝将出现在垂直主应力 σ_1、σ_2 的平面上；如果应力状态只在 1 一个方向上得到满足，那么裂缝将只出现在垂直主应力 σ_1 的平面上。

5.2.5　开裂模拟

通过修正应力-应变关系，引入垂直于裂缝表面方向的一个缺陷平面来表示在某个积分点上出现了裂缝。当裂缝张开，后续荷载产生了在裂缝表面的滑移或剪切时，引入一个剪切力传递系数 β_t 来模拟剪切力的损失。在某个方向上有裂缝后的材料应力-应变关系可以表示为：

$$[D_c^{ck}] = \frac{E}{1+\nu} \begin{bmatrix} \dfrac{R^t(1+\nu)}{E} & 0 & 0 & 0 & 0 & 0 \\ 0 & \dfrac{1}{1-\nu} & \dfrac{1}{1-\nu} & 0 & 0 & 0 \\ 0 & \dfrac{1}{1-\nu} & \dfrac{1}{1-\nu} & 0 & 0 & 0 \\ 0 & 0 & 0 & \dfrac{\beta_t}{2} & 0 & 0 \\ 0 & 0 & 0 & 0 & \dfrac{1}{2} & 0 \\ 0 & 0 & 0 & 0 & 0 & \dfrac{\beta_t}{2} \end{bmatrix} \tag{5-25}$$

式中，上标 ck 表示应力-应变关系参考的坐标系是平行于主应力方向的，X^{ck} 轴是垂直于裂缝表面的，将随着求解的收敛而自适应下降为零。

如果裂缝是闭合的，那么所有垂直于裂缝面的压应力都能传递到裂缝上，但是剪

切力只能传递原来的 β_c 倍,闭合裂缝的刚度矩阵可以描述为:

$$[D_c^{ck}] = \frac{E}{(1+\nu)(1-2\nu)} \begin{bmatrix} 1-\nu & \nu & \nu & 0 & 0 & 0 \\ \nu & 1-\nu & \nu & 0 & 0 & 0 \\ \nu & \nu & 1-\nu & 0 & 0 & 0 \\ 0 & 0 & 0 & \beta_c\dfrac{1-2\nu}{2} & 0 & 0 \\ 0 & 0 & 0 & 0 & \dfrac{1-2\nu}{2} & 0 \\ 0 & 0 & 0 & 0 & 0 & \beta_c\dfrac{1-2\nu}{2} \end{bmatrix}$$

$$(5\text{-}26)$$

当裂缝在两个方向或三个方向上同时张开或同时闭合时,刚度矩阵需要重新修改。SOLID 65 单元的状态可分为张开裂缝、闭合裂缝、压碎和完整单元四种。在具体结构的应用中,可以有 16 种不同的排列组合方式。

在单元局部坐标系下完成了单元刚度矩阵的分析后,必须将其转换到整体坐标系下,其转换表达式为:

$$[D_c] = [T^{ck}][D_c^{ck}][T^{ck}] \tag{5-27}$$

式中,$[T^{ck}]$ 为局部坐标与整体坐标之间关系的转换矩阵。在某个积分点上裂缝张开或闭合的状态是由开裂应变 ε_{ck}^{ck} 决定。

如果 ε_{ck}^{ck} 小于 0 则假设裂缝是闭合的;若 ε_{ck}^{ck} 大于或等于 0,则认为裂缝是张开的。在某个积分点上出现了裂缝之后,则认为在下一步迭代中裂缝是张开的。

5.3 厚表土环境中钢筋混凝土井壁结构力学性能

5.3.1 基本参数

兖州横河副井井筒采用冻结法施工,总深度为 248.5m,其中表土层厚度为 144m,井筒内直径为 4.5m,井壁结构为双层钢筋混凝土结构,内壁厚 300mm,外壁厚 300mm,混凝土标号为 300 号,环向内层和外层均为 Ⅱ 级 18@300,环总配筋率为 0.00335,竖向内层和外层均为 Ⅱ 级 16@270,竖总配筋率为 0.0023。

5.3.2 荷载计算

（1）井壁荷载考虑自重（包括井壁重量与设备重量）、水平地压（地下水、土压力）及竖向附加力，井壁表土环境中处于三向受压状态。

（2）自重应力：井壁的自重，随着深度的变化而增大，同时还有设备重量。

（3）水平地压：水平地压沿深度不断增大，采用重液公式计算，为三角形线性分布，表土段与基岩段交界处的水平地压为 1.872MPa，基岩部位地压采用秦氏公式计算。

（4）竖向附加力：竖向附加力随表土层土体的不同而不断地变化，同时随着深度的不同而不同，本书采用线性分级加载的方式模拟竖向附加力随疏排水的时间增加而增大。综合考虑横河副井井筒周围的地层分布和水文地质条件，参考 2.4 节相关数据进行计算。

5.3.3 边界条件

根据井筒的对称性，考虑井筒整体模型计算量较大，所以本书取 1/4 的井壁结构进行计算。依据结构力学的相关理论，井壁的两个竖向侧面施加环向约束，模型的底面施加竖向约束，由于基岩对井壁外侧的外扩有限制作用，所以在该部位施加径向约束，而对于井壁内侧径向收缩无约束。考虑基岩段井壁和下部结构的影响，计算模型自表土与基岩交界面下取井壁直径的 3～5 倍。

5.3.4 计算结果及分析

本次计算采用两个荷载步加载，第一个荷载步加载自重及环向荷载，第二个荷载步分 80 荷载子步加竖向附加力，模拟计算 20 年疏水，其 4 个荷载子步代表一年。

1. 井壁破裂的时间、形态与发展过程

由图 5-1～图 5-3 可知，横河副井井筒随着疏水时间的增长，在竖向附加力不断增大的情况下井壁破裂过程主要分为三个阶段：

（1）首次破裂：井壁在自重、水土的环向侧压以及竖向附加力的作用下（疏水速度为 6m/y），井壁首次破裂的时间为疏水第 11.25 年，破裂的位置在距地表面 138～139m 垂深处，此处为表土段与基岩段的交界部位，破裂高度约为 1m，破裂在井壁内表面深入厚度 40mm 左右，在内壁呈整圈破坏，破裂的形态为劈裂破坏，实际井壁破裂特征为井壁内侧掉皮剥落。

（2）裂缝发展：随着疏水的逐年增长，竖向附加力继续增大，在疏水 11.25～12 年时，井壁破裂的范围将不断增大，裂缝由 138～139m 垂深处向上部扩展至垂深 136m 处，破裂高度达到了约 4m，实际表现为井壁内侧混凝土较大面积的剥落。

（3）大段高压碎：如果此时不对井壁进行相应的治理，同时继续疏水，那么随着竖向附加力的增大，在表土与基岩的交界处会出现大段高压碎现象，压碎高度达到了 24m，井壁的整个截面整体破碎，此时井壁已完全丧失承载能力。

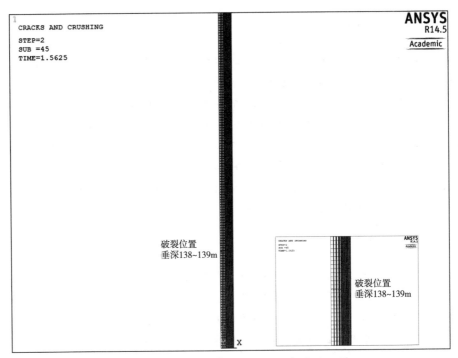

图 5-1　井壁首次破裂位置(11.25 年)

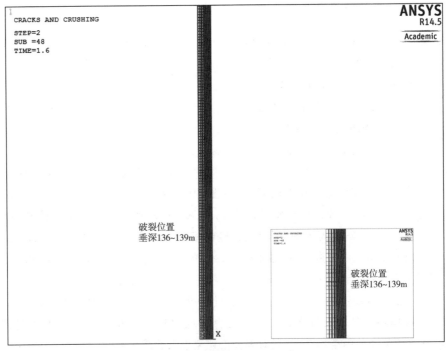

图 5-2　裂缝扩展(11.25～12 年)

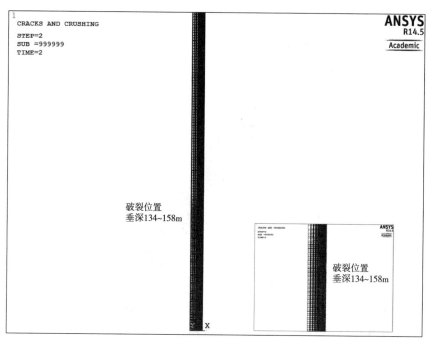

图 5-3 井壁最终压碎形态(12 年后)

2. 井壁径向与环向应力变化规律

井壁径向与环向应力分布与随疏水时间变化规律如图 5-4～图 5-9 所示。

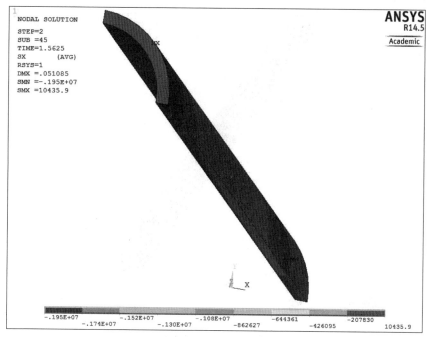

图 5-4 井壁在疏水 11.25 年时径向应力分布

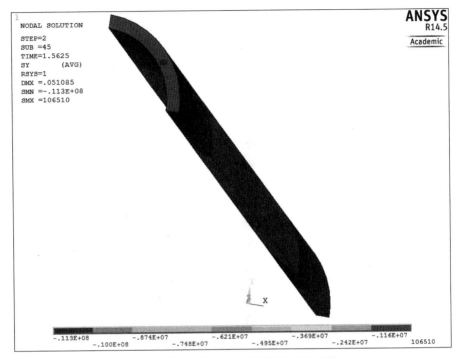

图 5-5　井壁在疏水 11.25 年时环向应力分布

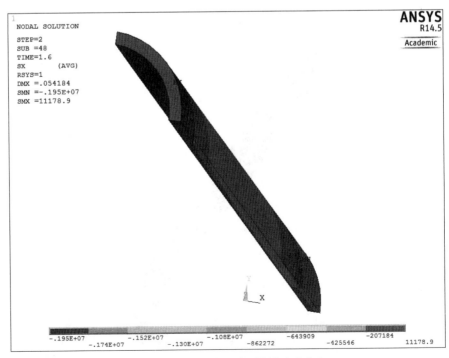

图 5-6　井壁在疏水 12 年时径向应力分布

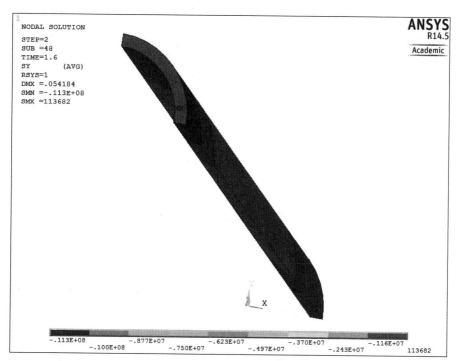

图 5-7　井壁在疏水 12 年时环向应力分布

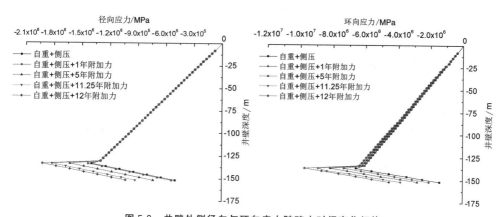

图 5-8　井壁外侧径向与环向应力随疏水时间变化规律

由图 5-4～图 5-9 可知,在表土段,由于井壁外侧地压服从从上到下呈三角形线性增大的分布规律,所以表土段井壁外壁与内壁的径向压应力大致上是从上到下线性增加,井壁内壁内侧径向压应力为零,沿井壁截面径向向外侧呈线性分布,依照此规律,井壁径向压应力绝对值最大值出现在表土段与基岩段交界面附近,而且随着竖向附加力的不断增大而增大,但从整体曲线的变化趋势来看井壁的径向压应力变化较小。

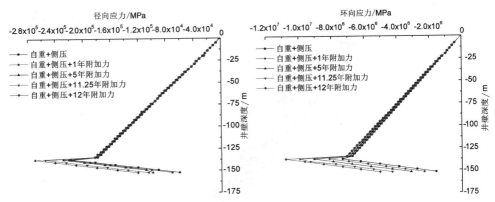

图 5-9　井壁内侧径向与环向应力随疏水时间变化规律

在基岩段,由于基岩段地压与表土段地压的特性不同,随着表土层疏水的进行,井壁受到的竖向附加力不断增大,井壁下部要向外扩张,但由于基岩段基岩对井壁外侧的限制作用,导致井壁的被动侧压力随竖向附加力的增大而增大,相应的基岩段井壁的径向压应力绝对值也随着竖向附加力的增大而不断增大。由于表土段与基岩段压应力的不同,井壁在表土段与基岩段的交界处附近发生突变并形成拐点,拐点与破裂位置相对应。首次破裂时井壁外侧垂深 138m 处径向应力为 -1.82 MPa,井壁内侧径向应力为 -0.25 MPa,井壁破裂发展至完全破裂前外侧径向应力为 -1.92 MPa,内侧径向应力为 -0.27 MPa。

由井壁不同深度处的环向应力与疏水时间变化规律图可看出其与径向应力分布规律类似,表土段井壁的环向压应力绝对值从上到下近似呈三角形线性分布,沿径向从内侧到外侧线性减少;而在基岩段由于基岩的限制作用,井壁环向应力曲线在表土段与基岩段交界面附近发生突变并形成拐点。首次破裂时井壁外侧垂深 138m 处环向应力为 -8.92 MPa,井壁内侧环向应力为 -9.91 MPa,井壁破裂发展至完全破裂前外侧环向应力为 -9.68 MPa,内侧环向应力为 -10.8 MPa。

3. 井壁竖向应力变化规律

井壁竖向应力分布及随疏水时间变化规律如图 5-10～图 5-12 所示。

从曲线整体来看,井壁的外壁与内壁的竖向压应力绝对值均随着疏水时间的增长(竖向附加力的增大)而不断增大。由于表土段土层分布十分复杂,所以其对井壁造成的竖向附加力大小与范围各不相同,主要由竖向附加力造成的井壁截面竖向应力随着井壁的深度呈曲线变化,其在表土段与基岩段的交界处达到最大值,并由于基岩的限制作用而形成拐点,竖向应力沿径向的变化很小,外侧略大。

首次破裂时(疏水 11.25 年)井壁外侧垂深 138m 处竖向应力为 -19.04 MPa,井壁内侧竖向应力为 -18.48 MPa,井壁破裂发展至完全破裂前(疏水 12 年)外侧竖向应力为 -20.12 MPa,内侧竖向应力为 -19.51 MPa。

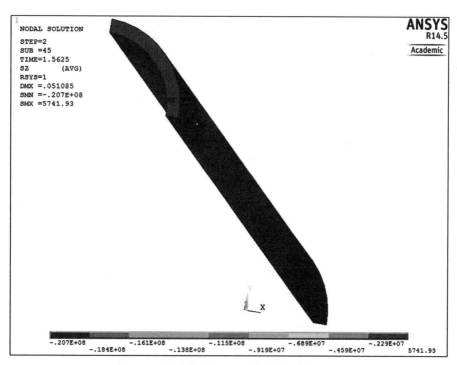

图 5-10　井壁在疏水 11.25 年时竖向应力分布

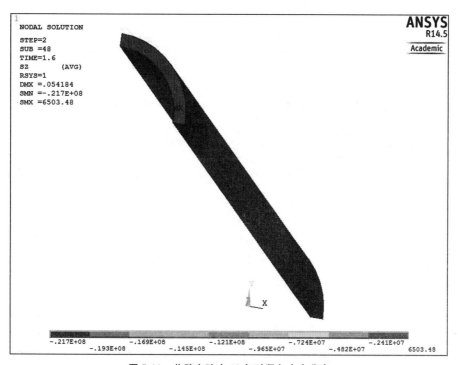

图 5-11　井壁在疏水 12 年时竖向应力分布

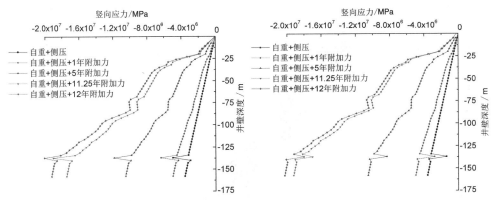

图 5-12　井壁外侧与内侧竖向应力随疏水时间变化规律

④井壁应变变化规律

井壁外侧与内侧的径向应变与竖向应变随疏水时间变化规律如图 5-13～图 5-14 所示。

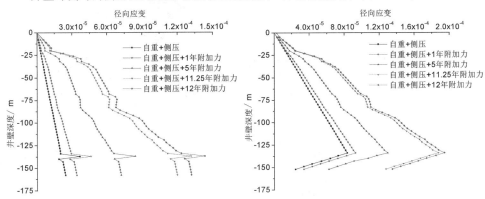

图 5-13　井壁外侧与内侧径向应变随疏水时间变化规律

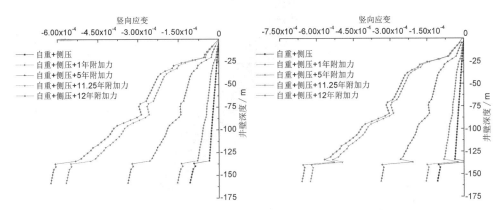

图 5-14　井壁外侧与内侧竖向应变随疏水时间变化规律

由图 5-13～图 5-14 可知,井壁在自重、水平应力与竖向附加力三向受压状态下,在压应力较小的方向(一般为径向应力)会出现拉应变。表土段中由于各层土体的特性与厚度不同,井壁径向应变沿土层深度呈曲线变化,由于基岩段基岩的限制作用,井壁的径向应力在表土段与基岩段交界面出现极值并形成拐点;井壁径向应变沿井壁截面径向从内到外逐渐减少,在表土段与基岩交界面附近的井壁内侧出现最大值,并随着竖向附加力的增大而增大。基岩段井壁的环向应变变化较小,表土段井壁的环向压应变绝对值随着竖向附加力的增大而不断减小,在表土段与基岩段产生转折并形成拐点。首次破裂时(疏水 11.25 年)井壁外侧垂深 139m 处径向应变为 131 με,井壁内侧垂深 139m 处径向应变为 187 με,井壁破裂发展至完全破裂前外侧径向应变为 143 με,内侧径向应变为 194 με。

井壁在三向受压状态下,环向应变与竖向应变均为压应变。由于基岩的限制作用,基岩段井壁的环向应变较小,在表土段与基岩段交界处形成拐点,且环向压应变绝对值随着竖向附加力的不断增大而减小,而井壁竖向应变分布图与竖向应变相似,主要是因为环向应力与径向应力对竖向应力的影响较小。

5.4　中厚表土环境中钢筋混凝土井壁结构力学性能

5.4.1　基本参数

大屯矿区龙东矿西风井井筒采用"钻井法"施工,井筒全深为 248.74m,表土层厚度为 206.92m,井壁结构为钢筋混凝土筒形预制井壁,内直径为 4.2m,厚为 0.4m,材料标号为:0～124m,C40;124～184m,C45;184～255m,C50。

5.4.2　荷载计算

(1)井壁荷载考虑自重(包括井壁重量与设备重量)、水平地压(地下水、土压力)及竖向附加力,井壁表土环境中处于三向受压状态。

(2)自重应力:井壁的自重,随着深度的变化而增大,同时还有设备重量。

(3)水平地压:水平地压沿深度不断增大,采用重液公式计算,为三角形线性分布,表土与基岩交界处的水平地压为 2.678MPa,基岩部位地压采用秦氏公式计算。

(4)竖向附加力:竖向附加力随表土层土体的不同而不断地变化,同时随着深度的不同而不同。本书采用线性分级加载的方式模拟竖向附加力随疏排水的时间增加而增大。综合考虑龙东矿西风井井筒周围的地层分布和水文地质条件,参考 2.4 节相关数据进行计算。

5.4.3　边界条件

根据井筒的对称性,考虑整体模型计算量较大,所以本书取 1/4 的井壁结构进行计算。依据结构力学的相关理论,井壁的两个竖向侧面施加环向约束,模型的底面施加竖向约束,由于基岩对井壁外侧的外扩有限制作用,所以在该部位施加径向约束,而对于井壁内侧径向收缩无约束。考虑基岩段井壁和下部结构的影响,计算模型自表土与基岩交界面下取井壁直径的 3～5 倍。

5.4.4　计算结果及分析

本次计算采用 80 荷载子步加载,模拟计算 20 年疏水,4 个荷载子步代表一年。

1. 井壁破裂的时间、形态与发展过程

由图 5-15～图 5-17 可知,随着疏水时间的增长,该井壁破裂过程同样分为三个阶段:

(1)首次破裂:井壁在自重、水土的侧压以及竖向附加力的作用下,井壁首次破裂的时间为疏水第 14 年(疏水速度为 6m/y),破裂的位置在距地表面 205～206m 垂深处,此处为表土段与基岩段的交界部位,破裂高度约在 1m,破裂在井壁内表面深入厚度 40mm 左右,在内壁呈整圈破坏,破裂的形态为劈裂破坏,实际井壁破裂特征为井壁内侧掉皮剥落。

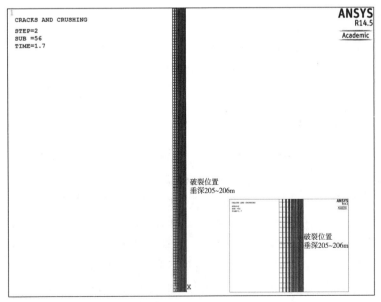

图 5-15　井壁首次破裂位置(14 年)

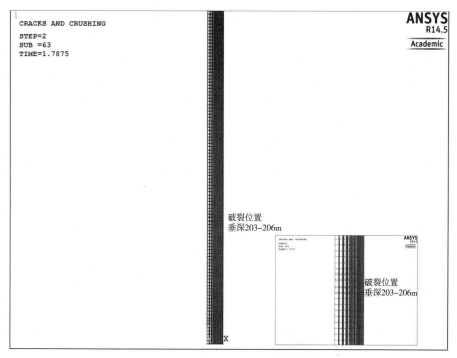

图 5-16　裂缝扩展(14～15.75 年)

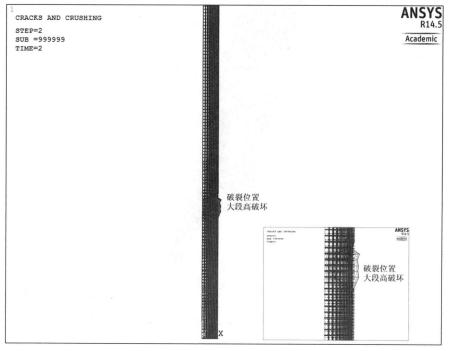

图 5-17　井壁最终压碎形态(15.75 年后)

(2)裂缝发展:随着疏水的逐年增加,竖向附加力继续增大,在疏水 14~15.75 年时,井壁的破裂范围不断增大,裂缝由 205~206m 垂深处向上部扩展至垂深 203m 处,破裂高度达到了约 4m,实际表现为井壁内侧混凝土较大面积的剥落。

(3)大段高压碎:如果此时不对井壁进行相应的治理,同时继续疏水,那么随着竖向附加力的增大,在表土与基岩的交界处会出现大段高压碎现象,压碎高度达到了 34m 左右,井壁的整个截面整体破碎,此时井壁已完全丧失承载能力。

2. 井壁径向与环向应力变化规律

井壁径向与环向应力分布如图 5-18~图 5-21 所示,由图可知,龙东矿西风井井壁的应力增加趋势同横河副井井筒类似。在表土段,由于井壁外侧地压服从从上到下呈三角形线性增大的分布规律,所以表土段井壁外侧与内侧的径向压应力近似是从上到下线性增加,井壁内侧径向压应力为零,沿井壁截面径向向外侧呈线性分布,依照此规律,井壁径向压应力绝对值最大值出现在表土段与基岩段交界面附近,而且随着竖向附加力的不断增大而增大。从整体曲线的变化趋势来看,井壁的径向应力变化较小。

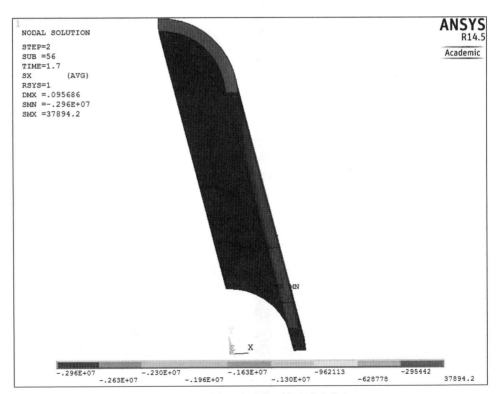

图 5-18　井壁在疏水 14 年时径向应力分布

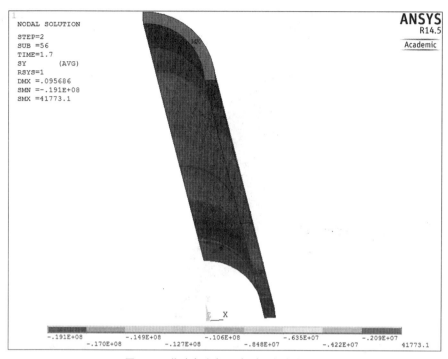

图 5-19　井壁在疏水 14 年时环向应力分布

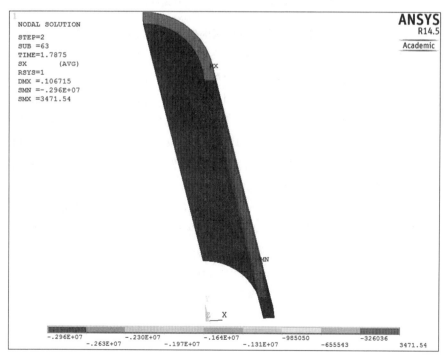

图 5-20　井壁在疏水 15.75 年时径向应力分布

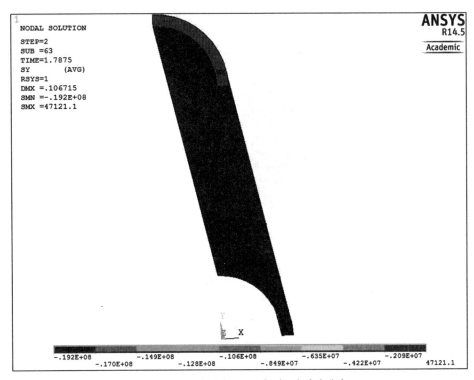

图 5-21　井壁在疏水 15.75 年时环向应力分布

在基岩段,由于基岩段地压与表土段地压的特性不同,随着表土层疏水的进行,井壁受到的竖向附加力不断增大,井壁下部要向外扩张,但由于基岩段基岩对井壁外侧的限制作用,导致井壁的被动侧压力随竖向附加力的增大而增大,相应的基岩段井壁的径向压应力绝对值也随着竖向附加力的增大而不断增大。由于表土段与基岩段压应力不同,井壁在表土段与基岩段的交界处附近发生突变并形成拐点。首次破裂时(疏水 14 年)井壁外侧垂深 206m 处径向应力为－2.64MPa,井壁内侧垂深 206m 处径向应力为－0.274MPa,井壁破裂发展至完全破裂前外侧径向应力为－2.78MPa,内侧垂深 206m 处径向应力为－0.281MPa。

由图 5-22、图 5-23 可以看出,井壁不同深度处的环向应力与疏水时间变化规律、径向应力分布规律类似,表土段井壁的环向压应力绝对值从上到下近似呈三角形线性分布,沿径向从内侧到外侧线性减少;而在基岩段由于基岩的限制作用,井壁环向应力曲线在表土段与基岩段交界面附近发生突变并形成拐点。首次破裂时井壁外侧垂深 206m 处环向应力为－15.94MPa,井壁内侧垂深 206m 处环向应力为－18.74MPa,井壁破裂发展至完全破裂前环向应力为－16.04MPa,内侧垂深 206m 处环向应力为－19.14MPa。

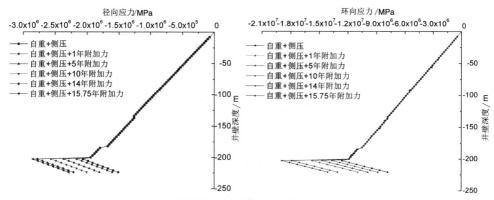

图 5-22　井壁外侧径向与环向应力随疏水时间变化规律

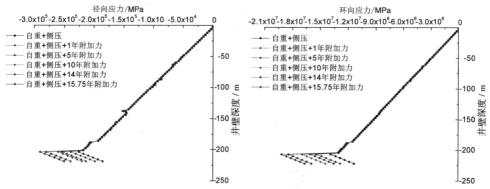

图 5-23　井壁内侧径向与环向应力随疏水时间变化规律

3. 井壁竖向应力变化规律

井壁的竖向应力分布、井壁外侧与内侧竖向应力随疏水时间变化规律如图 5-24～图 5-26 所示。

由图可知,从曲线整体来看,井壁的外侧与内侧的竖向应力绝对值均随着疏水时间的增长(竖向附加力的增大)而不断增大。由于表土段土层分布十分复杂,所以其对井壁造成的竖向附加力大小与范围各不相同,主要由竖向附加力造成的井壁截面竖向应力随着井壁的深度呈曲线变化,其在表土段与基岩段的交界处达到最大值,并由于基岩的限制作用而形成拐点,竖向应力沿径向的变化很小,外侧略大。首次破裂时(疏水 14 年)井壁外侧垂深 206m 处竖向应力为 -32.77MPa,井壁内侧垂深 206m 处竖向应力为 -31.73MPa,井壁破裂发展至完全破裂前(疏水 15.75 年)外侧竖向应力为 -36.25MPa,内侧垂深 206m 处竖向应力为 -35.17MPa。

4. 井壁应变变化规律

由图 5-27、图 5-28 可知,井壁在自重、水平应力与竖向附加力三向受压状态下,在压应力较小的方向(一般为径向应力)会出现拉应变。表土段中由各层土体的特性与

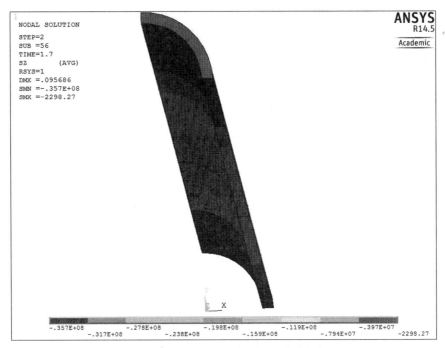

图 5-24 井壁在疏水 14 年时竖向应力分布

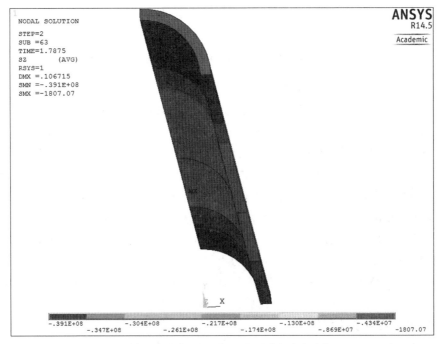

图 5-25 井壁在疏水 15.75 年时竖向应力分布

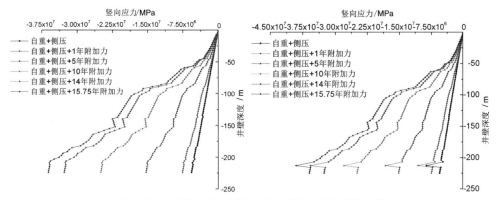

图 5-26　井壁外侧与内侧竖向应力随疏水时间变化规律

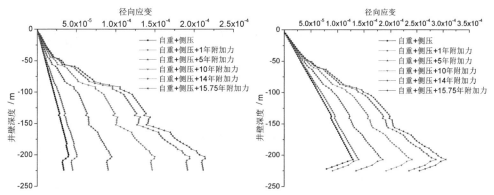

图 5-27　井壁外侧与内侧径向应变随疏水时间变化规律

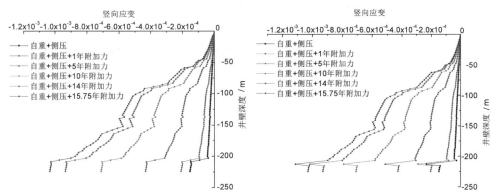

图 5-28　井壁外侧与内侧竖向应变随疏水时间变化规律

厚度不同,导致井壁径向应变沿土层深度呈曲线变化,由于基岩段基岩的限制作用,井壁的径向应力在表土段与基岩段交界面出现极值并形成拐点;井壁径向应变沿井壁截面径向从内到外逐渐减少,在表土段与基岩交界面附近的井壁内侧出现最大值,并随着竖向附加力的增大而增大。基岩段井壁的环向应变变化较小,表土段井壁的环向压应变绝对值随着竖向附加力的增大而不断减小,在表土段与基岩段产生转折并形成拐点。首次破裂时(疏水 14 年)井壁外侧垂深 206m 处径向应变为 194 με,井壁内侧垂深 206m 处径向应变为 285 με,井壁破裂发展至完全破裂前外侧径向应变为 214 με,内侧处径向应变为 305 με。

井壁在三向受压状态下,环向与竖向应变均为压应变。由于基岩的限制作用,基岩段井壁的环向应变较小,在表土段与基岩段交界处形成拐点,且环向压应变绝对值随着竖向附加力的不断增大而不断减小,而井壁竖向应变分布图与竖向应变相似,主要因为环向应力与径向应力对竖向应力的影响较小。

5.5　深厚表土环境中钢筋混凝土井壁结构力学性能

5.5.1　基本参数

赵楼煤矿表土层厚度为 475m,井壁结构为钢筋混凝土双层井壁,井壁参数可见第 2.2 节。

5.5.2　荷载计算

(1)井壁荷载考虑自重(包括井壁重量与设备重量)、水平地压(地下水、土压力)及竖向附加力,井壁表土环境中处于三向受压状态。

(2)自重应力:井壁的自重随着深度的变化而增大,同时还有设备重量。

(3)水平地压:水平地压沿深度不断增大,采用重液公式计算,呈三角形线性分布,表土与基岩交界处的水平地压为 6.175MPa,基岩部位地压采用秦氏公式计算。

(4)竖向附加力:竖向附加力随表土层土体的不同而不断地变化,同时随着深度的不同而不同,本书采用线性分级加载的方式模拟竖向附加力随疏排水的时间增加而增大。综合考虑赵楼煤矿风井井筒周围的地层分布和水文地质条件,因缺少 300m 以下各土层的相应系数,所以要参考 2.4 节相关数据进行计算。

5.5.3　边界条件

根据井筒的对称性,考虑整体模型计算量较大,所以本文取井壁的 1/4 结构进行计算。依据结构力学的相关理论,井壁的两个竖向侧面施加环向约束,模型的底面施加竖向约束,由于基岩对井壁外侧的外扩有限制作用,所以在该部位施加径向约束,而对于井壁内侧径向收缩无约束。考虑基岩段井壁和下部结构的影响,计算模型自表土与基岩交界面下取井壁直径的 3～5 倍。

5.5.4　计算结果及分析

本次计算采用两个荷载步加载,第一个荷载步加载自重及环向荷载,第二个荷载步分 40 荷载子步加竖向附加力,模拟计算 20 年疏水,其 2 个荷载子步代表一年。

1. 井壁破裂的时间、形态与发展过程

赵楼风井井壁随着疏水时间的增长破裂过程分为三个阶段:

(1)首次破裂:井壁在自重、水土的侧压以及竖向附加力的作用下,井壁首次破裂的时间为疏水第 15.5 年(疏水速度为 6m/y),破裂的位置在距地表面 474～475m 垂深处,此处为表土段与基岩段的交界部位,破裂高度约在 1m,破裂在井壁内表面深入厚度 40mm 左右,破裂的形态为劈裂破坏,如图 5-29 所示。实际井壁破裂特征为井壁内侧掉皮剥落。

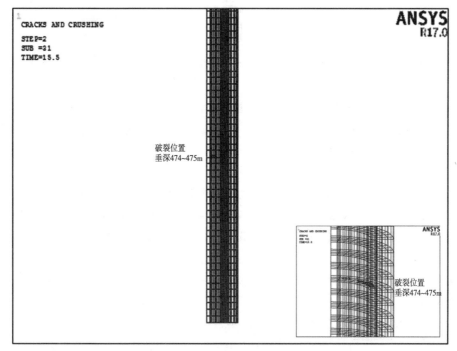

图 5-29　井壁首次破裂位置(15.5 年)

(2)裂缝发展:随着疏水的逐年增长,竖向附加力继续增大,在疏水 15.5～16 年时,井壁的破裂范围不断增大,裂缝由 474m 垂深处向上部扩展至垂深 473m 处,破裂高度达到了约 2m,如图 5-30 所示。实际表现为井壁内侧混凝土出现较大面积的剥落。

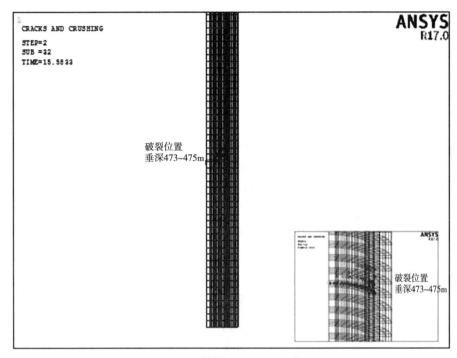

图 5-30　裂缝扩展(15.5～16 年)

(3)大段高压碎:如果此时不对井壁进行相应的治理,同时继续疏水,那么随着竖向附加力的增大,在表土与基岩的交界处会出现大段高压碎现象,井壁的整个截面整体破碎,此时井壁已完全丧失承载能力。

2. 井壁径向与环向应力变化规律

由图 5-31～图 5-34 可知,对于相同截面的井壁,井壁外侧地压服从从上到下呈三角形线性增大的分布规律,表土段井壁外壁与内壁的径向压应力大致上是从上到下线性增加,井壁内壁内侧径向压应力为零,沿井壁截面径向向外侧呈线性分布,但是赵楼风井井筒随着深度的增加,井壁有两个位置是截面变大的,所以在图中可以看到,在变截面处井壁外壁与内壁的环向应力与外壁的径向应力有个相应的拐点,此拐点表示随着井壁截面面积的增加,在相同荷载情况下相应的应力会降低,但是对于内壁来说,其径向应力在截面变化处有一个相反的"突破"。虽然随着深度的增加井壁厚度也会不断增大,即厚径比不断增大,但井壁外侧径向压应力绝对值仍然在表土与基岩段交界面附近最大,而且随着竖向附加力的不断增大而增大,表土段井壁的径向应力整体上除了因变截面产生的拐点,其他部分基本仍是线性分布。

首次破裂时(疏水 15.5 年后)井壁外侧垂深 475m 处径向应力为－5.52MPa,井壁内侧垂深 475m 处径向应力为－1.38MPa,井壁破裂发展至完全破裂前外侧径向应力为－6.37MPa,内侧径向应力为－1.52MPa。

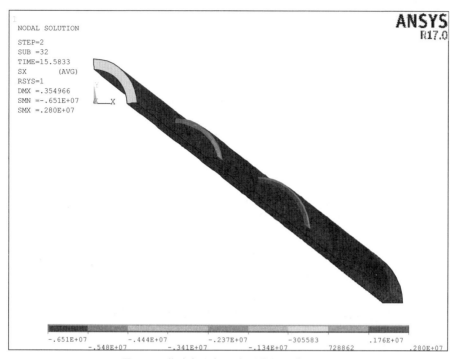

图 5-31　井壁在疏水 16 年时的径向应力分布

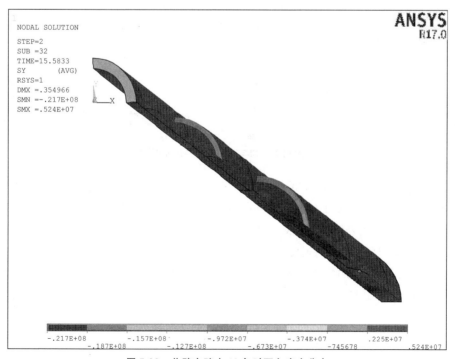

图 5-32　井壁在疏水 16 年时环向应力分布

在基岩段,由于基岩段地压与表土段地压的特性不同,随着表土层疏水的进行,井壁受到的竖向附加力不断增大,井壁下部要向外扩张,但由于基岩段基岩对井壁外侧的限制作用,导致井壁的被动侧压力随竖向附加力的增大而增大,相应的基岩段井壁的径向压应力绝对值也随着竖向附加力的增大而不断增大。由于表土段与基岩段压应力的不同,井壁在表土段与基岩段的交界处附近发生突变并形成拐点。

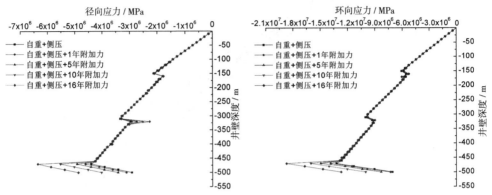

图 5-33   井壁外侧径向与环向应力随疏水时间变化规律

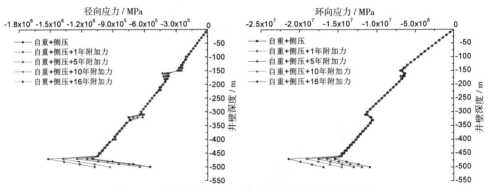

图 5-34   井壁内侧径向与环向应力随疏水时间变化规律

由图 5-33、图 5-34 可以看出,井壁不同深度处的环向应力与疏水时间变化规律和径向应力分布规律类似,表土段井壁的环向压应力绝对值从上到下近似呈三角形线性分布,沿径向从内侧到外侧线性减少;而在基岩段由于基岩的限制作用,井壁环向应力曲线在表土段与基岩段交界面附近发生突变并形成拐点。首次破裂时(疏水 15.5 年后)井壁外侧垂深 475m 处环向应力为 −16.9MPa,井壁内侧垂深 475m 处环向应力为 −18.5MPa,井壁破裂发展至完全破裂前外侧环向应力为 −18.4MPa,内侧环向应力为 −21.0MPa。

3. 井壁竖向应力变化规律

由图 5-35 可知,从曲线整体来看,井壁的外壁与内壁的竖向压应力绝对值均随着疏水时间的增长（竖向附加力的增大）而不断增大。由于表土段土层分布十分复杂，所以其对井壁造成的竖向附加力大小与范围各不相同，主要由竖向附加力造成的井壁截面竖向应力随着井壁的深度变化呈曲线变化，其在表土段与基岩段的交界处达到最大值，并由于基岩的限制作用而形成拐点，竖向应力沿径向的变化很小，外侧略大。由于风井井壁在表土段部分具有两个截面变化的地方，从曲线上体现为出现了两个拐点，在相同荷载情况下，截面变大的部位相应的应力会减小。首次破裂时（疏水 15.5 年后）井壁外侧垂深 475m 处竖向应力为 −56.41MPa，井壁内侧垂深 475m 处竖向应力为 −54.12MPa，井壁破裂发展至完全破裂前外侧竖向应力为 −58.79MPa，内侧竖向应力为 −56.83MPa。

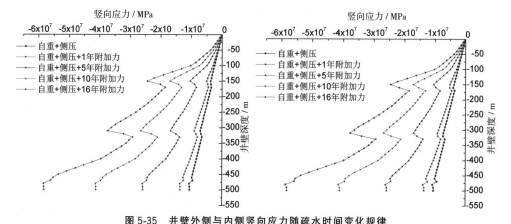

图 5-35　井壁外侧与内侧竖向应力随疏水时间变化规律

4. 井壁应变变化规律

井壁外侧与内侧径向与竖向应变随疏水时间的变化规律如图 5-36、图 5-37 所示。

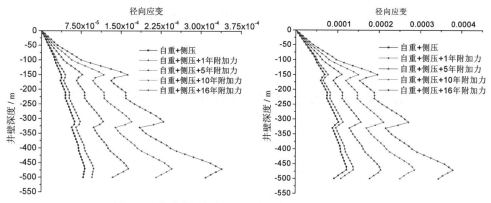

图 5-36　井壁外侧与内侧径向应变随疏水时间变化规律

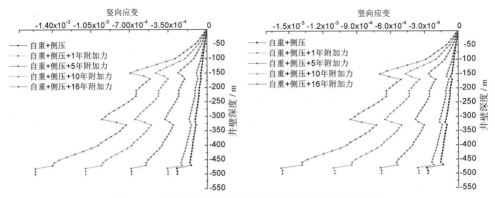

图 5-37   井壁外侧与内侧竖向应变随疏水时间变化规律

井壁的径向应变为拉应变,在三向受压状态下,在压应力较小的方向上会出现拉应变。由于竖向附加力沿井壁深度的曲线变化,径向应变沿井壁深度也呈曲线变化,在表土与基岩段交界面出现极值并形成拐点,并随着竖向附加力的增大而增大,井壁径向应变沿径向从内到外逐渐减少,最大值出现在表土与基岩交界面附近的井壁内侧,而基岩段井壁的环向应变变化较小,表土段井壁的环向压应变绝对值随着附加力的增大而不断减小,在表土与基岩段交界处形成拐点。首次破裂时(疏水 15.5 年后)井壁外侧垂深 475m 处径向应变为 285 $\mu\varepsilon$,井壁内侧垂深 475m 处径向应变为 344 $\mu\varepsilon$,井壁破裂发展至完全破裂前外侧径向应变为 340 $\mu\varepsilon$,内侧径向应变为 364 $\mu\varepsilon$。

由图 5-37 可以看出,井壁的竖向应变均为压应变,随着深度的增加,表土段井壁外壁与内壁的竖向压应变绝对值随着竖向附加力的不断增大而增大,在表土与基岩段交界处形成拐点,由于井壁出现变截面,其在变截面的位置均出现了向内的拐点,主要因为在相同荷载的情况下,井壁截面面积越大,其竖向应变越小,且因为环向应力与径向应力对竖向应力的影响较小,所以竖向应变与竖向应力曲线较为相似。

5.6   巨厚表土环境中钢筋混凝土井壁结构力学性能

5.6.1   基本参数

万福煤矿风井井筒均采用冻结法施工,表土层厚度分别为 753m,井壁结构为钢筋混凝土双层井壁,井壁参数可见 2.2 节。

5.6.2　荷载计算

(1)井壁荷载考虑自重(包括井壁重量与设备重量)、水平地压(地下水、土压力)及竖向附加力,井壁表土环境中处于三向受压状态。

(2)自重应力:井壁的自重,随着深度的变化而增大,同时还有设备重量。

(3)水平地压:水平地压沿深度不断增大,采用重液公式计算,呈三角形线性分布。表土与基岩交界处的水平地压为 9.75MPa,基岩部位地压采用秦氏公式计算。

(4)竖向附加力:竖向附加力随表土层土体的不同而不断地变化,同时随着深度的不同而不同,本书采用线性分级加载的方式模拟竖向附加力随疏排水的时间增加而增大。综合考虑万福煤矿风井井筒周围的地层分布和水文地质条件,因缺少 300m 以下各土层的相应系数,所以参考 2.4 节相关数据进行计算。

5.6.3　边界条件

根据井筒的对称性,考虑井筒整体模型计算量较大,所以本书取 1/4 的井壁结构进行计算。依据结构力学的相关理论,井壁的两个竖向侧面施加环向约束,模型的底面施加竖向约束,由于基岩对井壁外侧的外扩有限制作用,所以在该部位施加径向约束,而对于井壁内侧径向收缩无约束。考虑基岩段井壁和下部结构的影响,计算模型自表土与基岩交界面下取井壁直径的 3～5 倍。

5.6.4　计算结果及分析

本次计算采用两个荷载步加载,第一个荷载步加载自重及环向荷载,第二个荷载步分 40 荷载子步加竖向附加力,模拟计算 20 年疏水,其 2 个荷载子步代表一年。

1. 井壁破裂的时间、形态与发展过程

万福煤矿风井井筒随着疏水时间的增长破裂过程分为两个阶段。

(1)首次开裂:井壁在自重、水土的侧压以及竖向附加力的作用下,井壁首次破裂的时间为疏水第 14 年,破裂的位置在距地表面 749～751m 垂深处,此处为表土段与基岩段的交界部位,破裂高度约 2m,破裂在井壁内表面深入厚度约 700mm,破裂的形态为劈裂破坏,如图 5-38 所示。

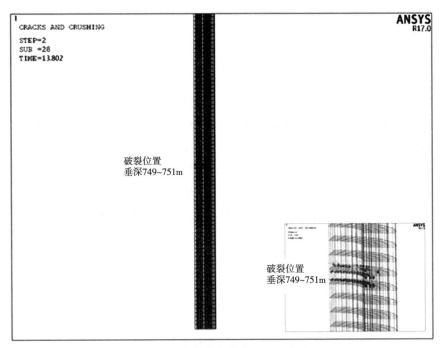

图 5-38　裂缝首次破裂位置(14 年)

（2）大段高压碎：如果此时不对井壁进行相应的治理，并继续疏水，那么随着竖向附加力的增大，在表土与基岩的交界处会出现大段高压碎现象，压碎高度将达到约44m，井壁的整个截面将整体破碎，此时井壁将完全丧失承载能力。

2. 井壁径向与环向应力变化规律

由图 5-39 至图 5-42 可知，同截面的井壁外侧地压服从从上到下呈三角形线性增大的分布规律，表土段井壁外壁与内壁的径向压应力大致是从上到下线性增加，井壁内壁内侧径向压应力为零，沿井壁截面径向向外侧呈线性分布，但是万福煤矿风井井筒随着深度的增加存在三个变截面位置，所以在图中可以看到在变截面处外壁与内壁的环向应力和外壁的径向应力有个相应的拐点，此拐点表示随着井壁截面面积的增加，在相同应力的情况下相应的应力会降低，但是对于内壁来说，其径向应力在截面变化处有一个相反的变化趋势。虽然随着深度的增加井壁厚度也不断增大，即厚径比不断增大，但井壁外侧径向压应力绝对值仍然在表土与基岩段交界面附近达到最大，而且随着竖向附加力的不断增大而增大。表土段井壁的径向应力整体上除因变截面产生的拐点外，其他部分基本保持线性分布。

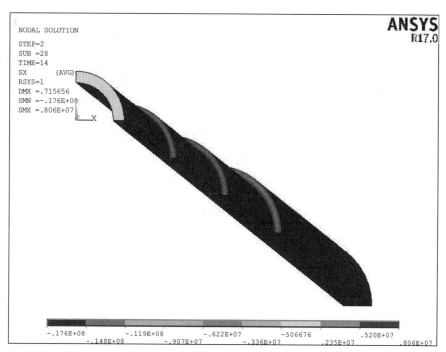

图 5-39 井壁在疏水 14 年时径向应力分布

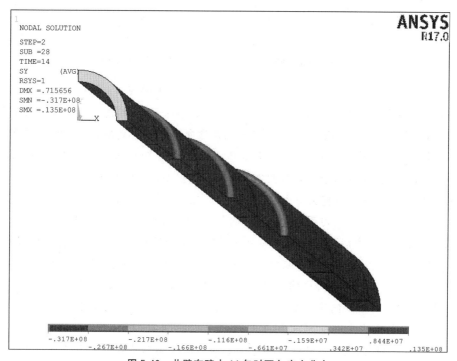

图 5-40 井壁在疏水 14 年时环向应力分布

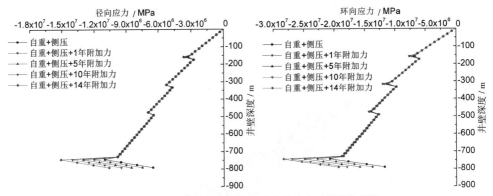

图 5-41　井壁外侧径向与环向应力随疏水时间变化规律

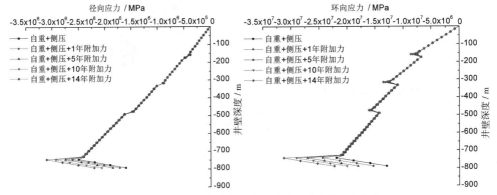

图 5-42　井壁内侧径向与环向应力随疏水时间变化规律

在基岩段,由于基岩段地压与表土段地压的特性不同,随着表土层疏水的进行,井壁受到的竖向附加力不断增大,井壁下部要向外扩张,但由于基岩段基岩对井壁外侧的限制作用,导致井壁的被动侧压力随竖向附加力的增大而增大,相应地,基岩段井壁的径向压应力绝对值也随着竖向附加力的增大而增大。由于表土段与基岩段压应力的不同,井壁在表土段与基岩段的交界处附近发生突变并形成拐点。首次破裂时(疏水 14 年),井壁外侧垂深 750m 处径向应力为 −15.1MPa,内侧径向应力为 −3.11MPa。

由图 5-41 至图 5-42 可看出,井壁不同深度处的环向应力与疏水时间变化规律和径向应力分布规律类似,表土段井壁的环向压应力绝对值从上到下近似呈三角形线性分布,沿径向从内侧到外侧线性减少;而在基岩段由于基岩的限制作用,井壁环向应力曲线在表土段与基岩段交界面附近发生突变并形成拐点。首次破裂时(疏水 14 年)井壁外侧垂深 750m 处环向应力为 −28.3MPa,内侧环向应力为 −31.3MPa。

3. 井壁竖向应力变化规律

由图 5-43 可知,井壁的外壁与内壁的竖向压应力绝对值均随着疏水时间的增长(竖向附加力的增大)而不断增大。由于表土段土层分布十分复杂,所以其对井壁造成

的竖向附加力大小与范围各不相同,主要由竖向附加力造成的井壁截面竖向应力随着
井壁的深度呈曲线变化,其在表土段与基岩段的交界处达到最大值,并由于基岩的限
制作用而形成拐点,竖向应力沿径向的变化很小,外侧略大。由于风井井壁在表土段
部分具有三个截面变化的地方,从曲线上体现为出现了三个拐点,在相同荷载情况下,
截面变大的部位相应的应力会减小。首次破裂时(疏水 14 年)井壁外侧垂深 750m 处
竖向应力为－67.13MPa,内侧竖向应力为－64.75MPa。

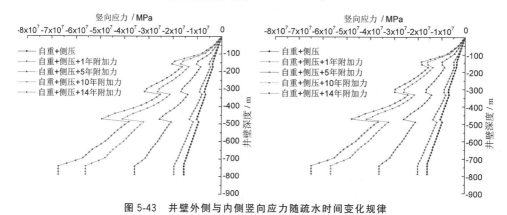

图 5-43　井壁外侧与内侧竖向应力随疏水时间变化规律

4. 井壁应变变化规律

由图 5-44 至图 5-45 可以看出,井壁的径向应变为拉应变,在三向受压状态下,在
压应力较小的方向上会出现拉应变。由于竖向附加力沿井壁深度呈曲线变化,径向应
变沿井壁深度也呈曲线变化,在表土与基岩段交界面处,径向应变出现极值并形成拐
点,且该极值随着竖向附加力的增大而增大,井壁径向应变沿径向从内到外逐渐减少,
最大值出现在表土与基岩交界面附近的井壁内侧,而基岩段井壁的环向应变变化较
小,表土段井壁的环向压应变绝对值随着附加力的增大而不断减小,在表土与基岩段
交界处产生转折并形成拐点。首次破裂时(疏水 14 年),井壁外侧垂深 750m 处径向应
变为 405 με,井壁内侧垂深 750m 处径向应变为 446 με。

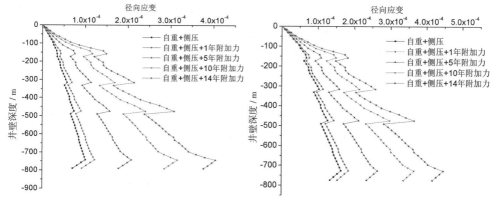

图 5-44　井壁外侧与内侧径向应变随疏水时间变化规律

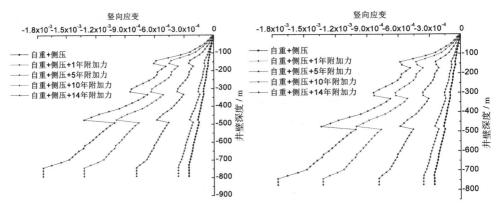

图 5-45 井壁外侧与内侧竖向应变随疏水时间变化规律

　　井壁的竖向应变均为压应变,随着深度的增加,表土段井壁外壁与内壁的竖向压应变绝对值随着附加力的不断增大而增大,在表土与基岩段交界处,竖向应变曲线形成拐点,而由于井壁存在变截面,其在变截面的位置均出现了向内的拐点,主要因为在相同荷载的情况下,井壁截面越大,其竖向应变越小,且由于环向应力与径向应力对竖向应力的影响较小,所以竖向应变与竖向应力曲线较为相似。

5.7　本章小结

　　(1)在仅考虑钢筋混凝土井壁自身"抗"的作用效应下,通过数值模拟计算得到了随疏水时间增长(竖向附加力增加)的情况下,各种表土深度中钢筋混凝土井壁的首次开裂时间、裂缝发展阶段、整体破坏阶段以及各对应时间的应力、应变等成果。

　　(2)随着疏水的进行,表土层中含水层水位下降,井壁外侧的周围土层由于土的固结沉降,对井壁的外壁产生了向下的摩擦力,该摩擦力随着疏水时间(土的固结程度)的增加而不断增大。井壁的各截面处于三向压应力状态,其中径向应力及环向应力与水土的侧压力有重要联系,而竖向应力与井壁自重和竖向附加力有重要联系,井壁的环向与径向应力相对稳定,环向压应变绝对值不断减小,竖向应力与竖向应变绝对值不断增大。

　　(3)相对于表土层较浅的井壁,深厚表土层与巨厚表土层中的井壁一般设计为变截面结构,这样使得其截面面积增大,而截面应力会相应地减小(以最大截面为基准)。在表土段与基岩段交界处,由于基岩的约束作用,井壁的应力与应变在交界处出现极值点并形成拐点,在自重、水土压力以及增大到一定程度的竖向附加力的耦合作用下,钢筋混凝土井壁内壁内侧会首先发生劈裂破坏,如果竖向附加力不断地增大,那么井壁的破坏区域也会不断扩展,最终会出现大段高压碎而失去承载能力。

(4)通过对不同表土层深度的钢筋混凝土井壁结构力学性能的数值模拟计算结果进行分析,可以得出以下结论:在井壁的自重与环向应力近似保持不变的情况下,随着疏排水的进行,竖向附加力不断增大,不同表土层深度的井壁结构破坏形式既有相同之处,也有不同之处。相同之处表现在,表土层与基岩交界处的钢筋混凝土井壁内壁内侧会首先发生劈裂破坏,之后破坏区域不断扩大,最终导致大段高压碎。不同之处表现,在随着表土层深度的增加,竖向附加力增加较快,且高强混凝土的塑性表现要强于普通混凝土,巨厚表土层中,钢筋混凝土井壁从开始破裂至发生大段高压碎的时间非常短,基本没有明显的裂缝发展阶段。

深厚表土环境中 RC 井壁结构力学性能退化物理试验

本章截取深厚表土环境中钢筋混凝土井壁的一部分作为研究对象展开物理相似模拟试验,主要研究其在不同的自然环境与力学环境下力学性能的变化特征,并于后文与数值模拟计算的结果进行对比分析,为钢筋混凝土井壁结构力学性能退化规律理论研究与防治技术提供依据。

6.1 试验方案

6.1.1 井壁模型相似模拟

本试验模型设计的基础是相似理论。根据相似理论的相关原理,此模型与原型之间应该满足以下原则:①模型与原型应该是几何相似的;②模型与原型的过程应该是属于同一性质的相似现象;③模型与原型的同类物理参数对应成比例,且比例为常数;④模型与原型的初始条件和边界条件相似。

本试验原拟定使用的是相似模型,要求各方面要严格符合相似条件,即满足几何相似、材料相似和力学相似等。模型用适当的缩尺比例和相似材料制成,施加相似力系使模型受力后重演原结构的实际工作状态,根据相似条件,由模型的试验结果推演结构原型受力后的工作性能。

1. 原型参数

原型参数见 2.2 节。由于井壁模型截取井壁其中的一段,其高度和井壁总高度相比相对较小,所以略去环向荷载与竖向荷载沿高度的变化,因而荷载取定值。

2. 相似准则

参考相关文献,影响井壁力学性能的主要因素有:井壁结构、井壁材料、井壁几何尺寸、井壁所受的水平荷载与竖向荷载等,其力学模型用数学解析式来描述是很困难的。本书在全面、综合考虑上述因素的基础上,综合试验研究的目的与内容,参考文献《相似理论与模型试验》列出参数方程为:

$$F(L, E_{h_1}, E_{h_2}, \mu_{h_1}, \mu_{h_2}, \sigma_{h_1}, \sigma_{h_2}, y, Q_1, Q_2, p) = 0$$

式中, L 为几何尺寸(m);

E_{h_1}, E_{h_2} 为内壁、外壁材料的弹性模量(MPa);

μ_{h_1}, μ_{h_2} 为内壁、外壁的泊松比;

$\sigma_{h_1}, \sigma_{h_2}$ 为内壁、外壁混凝土强度(MPa);

y 为井壁的总位移(m);

Q_1, Q_2 为内壁、外壁的竖向总荷载(MN);

p 为井壁所受侧压力(MPa)。

用因次分析法求准则方程可得以下准则:

几何准则: $\pi_1 = y_1/L$; $\pi_{12} = y_2/L$

力学准则: $\pi_2 = E_{h_1}/E_{h_2}$, $\pi_3 = \sigma_{h_1}/E_{h_2}$, $\pi_4 = \sigma_{h_2}/E_{h_2}$, $\pi_5 = p/E_{h_2}$, $\pi_6 = Q_1/(E_{h_2}L)^2$, $\pi_7 = Q_2/(E_{h_2}L)^2$, $\pi_8 = \mu_{h_1}$

常量相似: $\pi_9 = \mu_m$, $\pi_{10} = \mu_{h_1}$, $\pi_{11} = \mu_{h_2}$

3. 模化设计

(1)几何缩比的确定:截取井壁原型 $500 \sim 520$m 进行相似模拟试验。根据试验设施的允许操作范围以及选材方便,确定几何缩比 $C_l = 20$,则模型外壁的外直径 $11400/20 = 570$mm,内壁内直径为 355mm,内外壁交界处直径为 460mm,有效试验高度为 1m,即模拟原型井壁高度为 20m。

(2)相似材料的选择:钢筋混凝土模型中内、外壁均采用与原型相同的材料,则 $C_{E_{h_1}} = C_{E_{h_2}}$,准则 π_2 、 π_8 、 π_9 自动满足。

(3)初始荷载与应力的模拟:由准则 π_6 、 π_7 、 π_3 、 π_4 、 π_5 可得:

$C_{Q_1} = C_{Q_2} = C_l^2 = 20^2$, $C_{\sigma_{h_1}} = C_{\sigma_{h_2}} = C_p = 1$,要求对模型内外壁施加的竖向荷载为原型的 $1/20^2$,施加的侧向力与原型相同,这样模型井壁的应力与原型相同。

①依据 2.4.2 节公式,其自重应力 $\sigma_1 = 12.5$MPa,则需施加的力应为:

$$P_1 = \sigma_1 A \tag{6-1}$$

②利用重液公式计算环向应力,见 1.3.2 节,即

$$p = KH \tag{6-2}$$

(4)变形量相似:由相似准则 π_1 可得 $C_y = C_l = 20$,因而试验所测得的井壁模型总位移是原型的 $1/20$,则加载速度和变形速度很难做到相似,试验中采取放慢加载速度来控制变形速度加以近似。

根据上述相似准则和模化设计,最后确定试验参数(见表 6-1 和表 6-2)。模型剖面与截面图如图 6-1 所示。

表 6-1　井壁模型几何尺寸

参数	几何缩比/mm	外壁外径/mm	外壁内径/mm	内壁内径/mm	外壁厚度/mm	内壁厚度/mm
原型	20	11400	9200	7000	1100	1100
模型	1	570	460	355	55	52.5

表 6-2　井壁模型试验参数

参数	外壁配筋/mm 环向/纵向/径向		内壁配筋/mm 环向/纵向/径向	
原型	32@200/25@250/16@400×500		32@200/25@250/16@400×500	
模型	4@33/4@67/—		4@33/4@67/—	

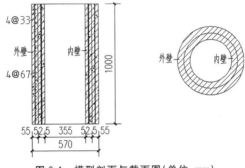

图 6-1　模型剖面与截面图(单位:mm)

6.1.2　试验安排

根据物理试验研究的目的与内容和实现的可能性,试验安排见表 6-3。

表 6-3　试验安排

加载内容	数量/个	试验环境	内容	时间
井壁模型	1	自然养护	环向加载	2 周期
	1	人工环境气候室	环向加载	
	1	人工环境气候室	竖向与环向加载	

6.1.3　试验装置及量测方法

(1)试验装置:本次试验利用大型液压压力试验机进行试验,压力机的竖向加载能力为 7000kN,上下加载板尺寸为 600mm×600mm。

(2)量测方法和数据采集:本试验要测试的物理量有井壁模型的竖向荷载、各测点的应变、井壁的侧向与竖向位移、试验时间。竖向荷载采用荷载传感器进行测试,应变采用 DH3816 静态应变测试系统进行测试,位移采用位移计进行测试。

6.1.4 试验井壁的制作

试验共制作模型井壁 3 个,考虑实验室压力机的实际加载能力,混凝土强度等级取 C60,用 52.5 普通硅酸盐水泥、小石子、细砂、硅灰、粉煤灰及聚羧酸减水剂配制而成。每 个模型先浇筑外壁,等 24 小时后去掉内模板,粘贴铝塑板,接着浇筑内壁,如图 6-2 所示。

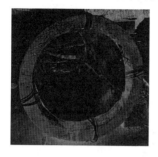

a)外壁与内壁之间粘贴铝塑板　　　b)预应力索环向加载

图 6-2　井壁模型制作过程

6.1.5 试验环境设定

由第 2 章可知井壁内壁、外壁分别处于 2.3.1 节与 2.3.2 节检测得到的环境中,对 此拟对井壁模型施加相类似的自然与力学环境。

(1)将井壁整体放入人工环境气候室中,以模拟气、液、固与温湿度的耦合自然环 境对内壁的侵蚀,在外壁周围加一圈环向钢板,里面注入腐蚀溶液,模拟现场井壁外侧 水土腐蚀性介质对外壁的侵蚀。

(2)对外壁与内壁采用竖向千斤顶加载的方法施加竖向荷载,模拟井壁从上传下 来的自重。

(3)对井壁外壁采用预应力钢绞线的方法施加环向荷载,模拟水土水平压力,如 图 6-3 所示。

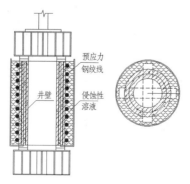

图 6-3　模拟自然环境与力学环境耦合作用示意图

6.2　钢筋混凝土井壁劣化特征

经过 2 个周期的劣化后,对人工环境气候室内的井壁内外壁进行外观普查,并未发现混凝土明显疏松或出现裂缝等状况。

6.3　钢筋混凝土井壁试验现象及破坏特征

井壁在三种条件下的破坏现象及破坏特征分别有以下几种。

1. 模型 1(原型 – 环向加载)

原型在自然养护后进行加载试验,其试验现象及破坏特征如图 6-4 所示。

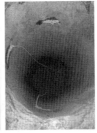

图 6-4　井壁原型裂缝发展及破坏

井壁对比原型破坏形式表现为内壁中部出现破裂,然后外壁裂缝上下贯穿、井壁上部被压碎的破坏形式,具有明显的脆性破坏特征。对比原型加载至开裂荷载时,可明显听到混凝土开裂的声音,然后继续加载后会出现新裂缝。初始加载时外壁由于应力集中上下均会出现短裂缝,且围绕井壁周圈均匀出现,此时裂缝长度发展约 14cm,继续加载之后,会听到混凝土开裂的声音,且几条主要裂缝继续往中部发展,加载至极限荷载的 85% 左右时,内壁会持续听到混凝土破裂的声音,外壁上下产生的裂缝会相交贯通,继续加载至极限荷载,井壁上部被压碎,整体呈现斜剪破坏。

2. 模型 2(环向加载 + 腐蚀)

在环境室中对模型 2 施加环向荷载 + 腐蚀,腐蚀一定周期后进行加载试验,其试验现象及破坏特征如图 6-5 所示。

　　井壁 2 的破坏形式表现为外壁裂缝上下贯穿、井壁上部整体被压碎的破坏形式，具有明显的脆性破坏特征。模型 2 加载至开裂荷载时，可明显听到混凝土开裂的声音，然后继续加载后会出现新裂缝，因为无法观测到内壁破坏情况，所以主要分析外壁裂缝发生以及发展的情况。开始时外壁上下均会出现裂缝，且围绕井壁周圈均匀出现，此时裂缝长度发展至约 18cm，继续加载之后，会听到混凝土开裂的声音，且几条主要裂缝继续往中部发展，加载至极限荷载的 85% 左右时，内壁会持续听到混凝土破裂的声音，外壁上下产生的裂缝会相交贯通，继续加载至极限荷载，井壁上部被压碎，整体呈现斜剪破坏。

图 6-5　井壁模型 2 裂缝发展及破坏

3. 模型 3(竖向加载＋环向加载＋腐蚀)

　　在环境室中对模型 3 施加竖向荷载＋环向荷载＋腐蚀，腐蚀一定周期后进行加载试验，其试验现象及破坏特征如图 6-6 所示。

图 6-6　井壁模型 3 裂缝发展及破坏

　　模型 3 的加载破坏过程及破坏形态与模型 2 相似，均表现为外壁裂缝上下贯穿、井壁上部整体被压碎的破坏形式，具有明显的脆性破坏特征。模型 3 加载至开裂荷载时，可明显听到混凝土开裂的声音,然后继续加载后会出现新裂缝,因为无法观测到内壁破坏情况,所以主要分析外壁裂缝发生以及发展的情况。开始时外壁上下均会出现裂缝,且围绕井壁周圈均匀出现,此时裂缝长度发展至约 20cm,继续加载之后,会听到混凝土开裂的声音,且有几条主要裂缝继续往中部发展,加载至极限荷载的 90% 左右时,会听到内壁混凝土破裂的声音,外壁上下产生的裂缝会相交贯通,此时会持续听到混凝土开裂的声音,继续加载至极限荷载,井壁上部被压碎,整体呈现斜剪破坏。

上述分析表明,三种井壁破坏特征表现为:

(1)外壁顶部与底部先均匀出现裂缝;

(2)井壁整体破坏之前外壁斜裂缝会上下贯穿;

(3)内壁混凝土出现破裂,井壁上部被压破裂,整体呈现斜剪破坏。

6.4　钢筋混凝土井壁荷载—位移关系

从图 6-7 三种不同情况下的荷载—位移曲线可以看出,高强混凝土井壁在达到峰值应力前,荷载—位移曲线除了刚开始阶段,中间部分基本上为线性关系。同时未发现明显的屈服点。环向加载＋腐蚀耦合与竖向加载＋环向加载＋腐蚀耦合作用下的钢筋混凝土井壁荷载—位移曲线相似,该两条曲线与原型的荷载—位移曲线主要不同体现在开始有一段的缓坡阶段,这主要是因为不同的腐蚀环境均对钢筋混凝土井壁内壁与外壁产生了不同程度的腐蚀,在试验刚开始的过程中,腐蚀后的井壁微裂缝与缺陷将闭合,导致前期加载过程中井壁的宏观位移相对较大,曲线的坡度较为平缓。这三种情况下钢筋混凝土井壁的破坏形式基本相似,其峰值位移分别为 18.30mm、20.95mm 与 21.95mm。

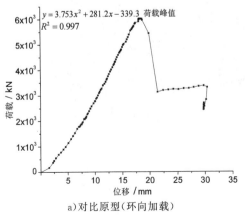

a)对比原型(环向加载)

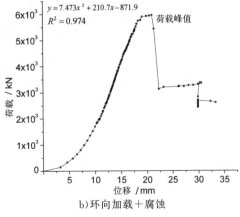

b)环向加载＋腐蚀

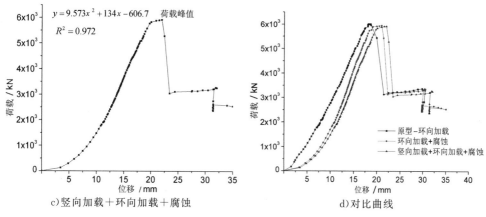

c)竖向加载＋环向加载＋腐蚀   d)对比曲线

图 6-7　三种模型的荷载–位移曲线

分别对荷载峰值点之前的曲线进行数据回归,得到以下公式:

井壁 1——原型-环向加载:$y=3.753x^2+281.2x-339.3, R^2=0.997$　　　(6-3)

井壁 2——环向加载＋腐蚀:$y=7.473x^2+210.7x-871.9, R^2=0.974$　　　(6-4)

井壁 3——竖向加载＋环向加载＋腐蚀:$y=9.573x^2+134x-606.7, R^2=0.972$　(6-5)

6.5　钢筋混凝土井壁荷载—应变关系

6.5.1　外壁荷载—应变关系

三种模型的外壁荷载—应变关系如图 6-8～图 6-10 所示。

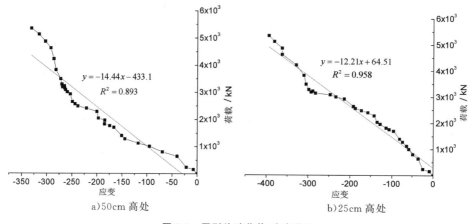

a)50cm 高处   b)25cm 高处

图 6-8　原型外壁荷载-应变关系

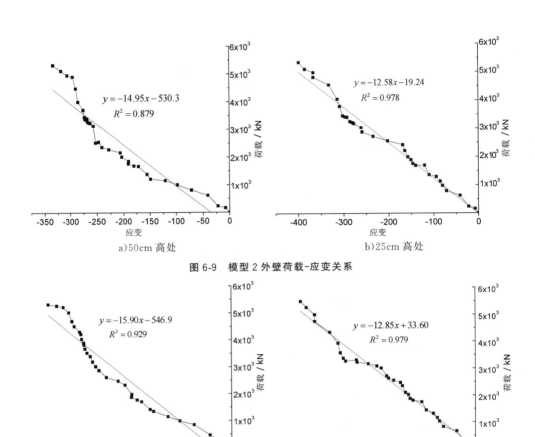

a)50cm 高处　　　　　　　　　b)25cm 高处

图 6-9　模型 2 外壁荷载–应变关系

a)50cm 高处　　　　　　　　　b)25cm 高处

图 6-10　模型 3 外壁荷载–应变关系

由图 6-8～图 6-10 三种不同环境下外壁荷载-应变曲线关系可以得出,随着竖向荷载的不断增大,钢筋混凝土井壁外壁的截面竖向应变总体基本呈线性的关系,环向与径向应力对其影响较小,从而验证了本书数值模拟计算的相关结果与前人所得出的相关结果。钢筋混凝土井壁外壁中部的截面应变略大于距底部 25cm 高度处的应变,分别对上面的曲线进行线性回归,并得到相关公式如下:

井壁 1——原型-环向加载:　50cm 高处 $y = -14.44x - 433.1, R^2 = 0.893$　(6-6)

　　　　　　　　　　　　25cm 高处 $y = -12.21x + 64.51, R^2 = 0.958$　(6-7)

井壁 2——环向加载＋腐蚀:50cm 高处 $y = -14.95x - 530.1, R^2 = 0.879$　(6-8)

　　　　　　　　　　　　25cm 高处 $y = -12.58x - 19.24, R^2 = 0.978$　(6-9)

井壁 3——竖向加载＋环向加载＋腐蚀:50cm 高处 $y = -15.90x - 546.9, R^2 = 0.929$

(6-10)

　　　　　　　　　　　　25cm 高处 $y = -12.85x + 33.60, R^2 = 0.979$　(6-11)

6.5.2　内壁荷载-应变关系

三种模型的内壁荷载-应变关系如图 6-11～图 6-13 所示。

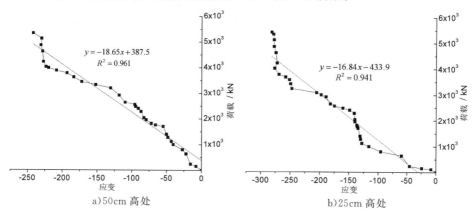

a)50cm 高处　　　　　　　　　　　b)25cm 高处

图 6-11　原型内壁荷载-应变关系

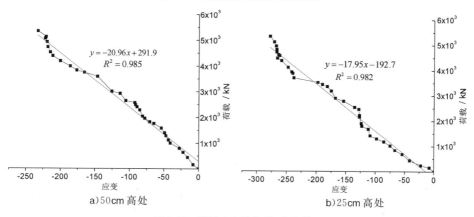

a)50cm 高处　　　　　　　　　　　b)25cm 高处

图 6-12　模型 2 内壁荷载-应变关系

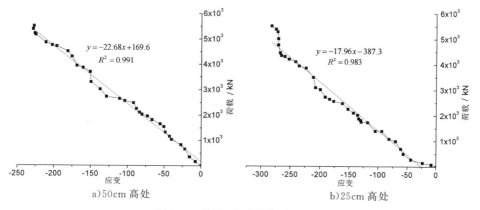

a)50cm 高处　　　　　　　　　　　b)25cm 高处

图 6-13　模型 3 内壁荷载-应变关系

由图 6-11～图 6-13 三种不同环境下内壁荷载—应变曲线关系可以得出,随着竖向荷载的不断增大,钢筋混凝土井壁内壁的截面竖向应变总体趋势和外壁截面竖向应变一样,基本呈线性的关系,环向与径向应力对其影响较小。钢筋混凝土井壁内壁中部的截面应变略大于距底部 25cm 高度处的应变。分别对图中曲线进行线性回归,并得到相关公式如下:

井壁 1——原型-环向加载:50cm 高处 $y=-18.65x+387.5,R^2=0.961$ (6-12)

25cm 高处 $y=-16.84x-433.9,R^2=0.941$ (6-13)

井壁 2——环向加载+腐蚀:50cm 高处 $y=-20.96x+291.9,R^2=0.985$ (6-14)

25cm 高处 $y=-17.95x-192.7,R^2=0.982$ (6-15)

井壁 3——竖向加载+环向加载+腐蚀:50cm 高处 $y=-22.68x-169.6,R^2=0.991$

(6-16)

25cm 高处 $y=-17.96x-387.3,R^2=0.983$ (6-17)

6.6 钢筋混凝土井壁极限承载力

通过对 6.4 节荷载-位移以及试验加载过程中裂缝等现象观察情况分析,得到钢筋混凝土井壁的开裂荷载以及极限荷载,见表 6-4。

表 6-4 钢筋混凝土井壁力学性能

井壁	开裂荷载/KN	极限荷载/KN
原型-环向加载	3840	6020
环向加载+腐蚀	3780	5960
竖向加载+环向加载+腐蚀	3740	5920

表 6-4 表明,与原型相比,环向加载+腐蚀耦合环境下的钢筋混凝土井壁与竖向加载+环向加载+腐蚀耦合环境下的钢筋混凝土井壁的开裂荷载与极限荷载均比原型低,竖向加载+环向加载的耦合作用加速了腐蚀环境对钢筋混凝土井壁的侵蚀,分析原因是在竖向加载+环向加载后,井壁内壁与外壁出现了微裂缝,加速有害离子对混凝土的腐蚀作用。

6.7 本章小结

(1)依据相似理论,本章选取钢筋混凝土井壁在垂深 500m、高度 20m 的一段作为原型进行物理相似模拟试验。钢筋混凝土井壁模型所处环境分别为环向加载＋自然养护环境、环向加载＋腐蚀环境耦合、竖向加载＋环向加载＋腐蚀环境耦合三种环境。钢筋混凝土井壁养护后腐蚀一定的周期进行试验,三种环境下的井壁破坏形式具有相同点:外壁顶部与底部先均匀出现裂缝;井壁整体破坏之前外壁裂缝会上下贯穿;内壁混凝土出现破裂,井壁上部也会被压破裂,整体呈现斜剪破坏。

(2)人工环境气候室中腐蚀的钢筋混凝土井壁均出现了轻度的劣化,环向加载＋腐蚀环境耦合作用下的钢筋混凝土井壁的开裂荷载与极限荷载要比竖向加载＋环向加载＋腐蚀环境耦合后的井壁高,分析原因是竖向荷载使钢筋混凝土井壁外壁与内壁出现了微裂缝,加速了人工环境气候室中各种有害离子对井壁混凝土的侵蚀。

深厚表土环境中 RC 井壁结构力学性能退化规律

混凝土结构在不同的环境服役,其性能的退化是在自然环境与力学环境双重或多重耦合作用下进行的,这是一个非常复杂的相互叠加与交互影响的过程,也是引起混凝土耐久性下降与寿命缩短的根本原因。前面几章研究表明,在特殊的深厚表土环境中井壁混凝土材料劣化,整体承载力降低,井壁破坏提前发生。本章以工程实测、物理试验与数值计算为依据,通过理论研究深厚表土环境中钢筋混凝土井壁力学性能退化规律,为井壁结构的防治技术提供参考。

7.1 高强混凝土材料性能退化机理

7.1.1 CO_2 对高强混凝土的中性化侵蚀

$Ca(OH)_2$ 作为水泥中的水化产物与周围自然环境中的 CO_2 发生化学反应,生成 $CaCO_3$、$Ca(HCO_3)_2$ 或其他物质的现象,叫作混凝土的碳化。

混凝土是粗、细骨料与不同的胶凝材料胶合而成的一种非均匀多相颗粒复合材料,高强混凝土中还掺有不同的矿物混合料,内部存在或多或少的毛细管、孔隙、气泡与缺陷等,碳化作用将使胶凝材料内部发生物理变化或化学变化。

混凝土碳化可用下列化学反应式表示:

$$CO_2 + H_2O \longrightarrow H_2CO_3 \tag{7-1}$$

$$Ca(OH)_2 + H_2CO_3 \longrightarrow CaCO_3 \downarrow + 2H_2O \tag{7-2}$$

$$3CaO \cdot SiO + 3CO_2 + \gamma \cdot H_2O \longrightarrow 3CaCO_3 \downarrow + SiO \cdot \gamma \cdot H_2O \tag{7-3}$$

$$2CaO \cdot SiO \cdot + 2CO_2 + \gamma \cdot H_2O \longrightarrow 2CaCO_3 \downarrow + SiO \cdot \gamma \cdot H_2O \qquad (7\text{-}4)$$

7.1.2 高浓度酸性气体对高强混凝土的溶解性侵蚀

当空气中相对湿度大于 75% 时,气态介质中的 HCl、Cl_2、NOx、SO_2、H_2S 均为强腐蚀气体,其主要作用机理为酸与碱的溶解性侵蚀,主要反应机理如下:

HCl 作用:
$$CaCO_3 + 2HCl \longrightarrow CaCl_2 + CO_2 \uparrow + H_2O \qquad (7\text{-}5)$$

$$Ca(OH)_2 + 2HCl \longrightarrow CaCl_2 + 2H_2O \qquad (7\text{-}6)$$

Cl_2 作用:
$$Cl_2 + 2H_2O \longrightarrow 2HCl + O_2 \uparrow + H_2O \qquad (7\text{-}7)$$

$$Ca(OH)_2 + 2HCl \longrightarrow CaCl_2 + 2H_2O \qquad (7\text{-}8)$$

$$SO_2 + 2Cl_2 + 3Ca(OH)_2 + 2H_2O \longrightarrow CaSO_4 \downarrow + 2CaCl_2 + 6H_2O \qquad (7\text{-}9)$$

NO_2 作用:
$$H_2O + NO_2 \longrightarrow H_2NO_3 \qquad (7\text{-}10)$$

$$Ca(OH)_2 + 2HNO_3 \longrightarrow Ca(NO_3)_2 + 2H_2O \qquad (7\text{-}11)$$

SO_2 作用:
$$H_2O + SO_2 \longrightarrow H_2SO_3 \qquad (7\text{-}12)$$

$$Ca(OH)_2 + 2H_2SO_3 \longrightarrow Ca(HSO_3)_2 + 2H_2O \qquad (7\text{-}13)$$

$$Ca(OH)_2 + H_2SO_3 \longrightarrow CaSO_3 \downarrow + 2H_2O \qquad (7\text{-}14)$$

H_2S 作用:
$$Ca(OH)_2 + H_2S \longrightarrow CaS + 2H_2O \qquad (7\text{-}15)$$

$$CaS + H_2S \longrightarrow Ca(HS)_2 \qquad (7\text{-}16)$$

反应生成的钙盐在有水流经过时溶于水而脱离混凝土,逐渐使混凝土中的碱度和强度不断降低。附着在混凝土面层的钙的氯化物发生潮解后,发生酸碱中和反应,使混凝土面层变得疏松,形成泡状物质,并逐渐粉化剥落。

7.1.3 硫酸盐对高强混凝土的膨胀性腐蚀

硫酸盐对高强混凝土的腐蚀过程是一个包含物理作用与化学作用的复杂过程。当高强混凝土与溶液中 SO_4^{2-} 互相接触时,水泥的水化产物 $Ca(OH)_2$ 将与 SO_4^{2-} 发生化学反应,生成水化硫铝酸钙和石膏,而这两种物质均具有相对较强的膨胀性,随着高强混凝土与溶液接触的时间增加,水化生成产物也越来越多,逐渐填满混凝土内部的微裂缝与缺陷等,并在高强混凝土的内部产生挤压,使高强混凝土内部产生拉应力,当拉应力超过高强混凝土的极限拉应力时,高强混凝土内部就会产生膨胀性的裂缝,而这些裂缝将成为水溶液中有害离子的侵入通道,加速化学反应的进行,最终使得高强混凝土在硫酸盐的腐蚀作用下导致膨胀性破坏。

部分反应生成式可表达为:
$$3C_3A + 3(CaSO_4 \cdot 2H_2O) + 26H_2O \longrightarrow 3CaO \cdot Al_2O_3 \cdot 3CaSO_4 \cdot 32H_2O$$

$$(7\text{-}17)$$

$$C_3A + 3(CaSO_4 \cdot 2H_2O) + 2Ca(OH)_2 + 24H_2O \longrightarrow 3CaO \cdot Al_2O_3 \cdot 3CaSO_4 \cdot 32H_2O$$

$$(7\text{-}18)$$

$$3C_3A \cdot CaSO_4 + 8CaSO_4 + 6CaO + 96H_2O \longrightarrow 3(3CaO \cdot Al_2O_3 \cdot 3CaSO_4 \cdot 32H_2O)$$

$$(7\text{-}19)$$

$$4CaO \cdot Al_2O_3 \cdot 12H_2O + 3CaSO_4 + 20H_2O \longrightarrow 3CaO \cdot Al_2O_3 \cdot 3CaSO_4 \cdot 31H_2O + Ca(OH)_2$$

$$(7\text{-}20)$$

7.1.4 单掺粉煤灰对高强混凝土耐腐蚀性的改善

粉煤灰具有火山灰效应、微集料效应与形态效应三大效应。对于粉煤灰混凝土本身来说，掺入粉煤灰之后，可以细化水泥浆体的孔径，增加浆体的总孔隙率，且随着掺量的增加而增加。同时，粉煤灰的二次水化反应生成物 C—S—H 填充于孔隙内，使得高强混凝土更加密实，降低了有害离子的渗透性。

氢氧化钙是混凝土中最容易受硫酸盐侵蚀的成分，掺入粉煤灰可以对氢氧化钙起到"稀释"的作用，氢氧化钙的含量随着粉煤灰掺量的增加而减少。同时，掺入粉煤灰能明显减少石膏以及钙矾石的生成。粉煤灰高强混凝土与不加任何掺合料混凝土相比，优点主要在于膨胀小、强度降低缓慢等。

7.1.5 双掺粉煤灰与硅灰对高强混凝土耐腐蚀性的改善

掺有硅灰的高强混凝土与未掺硅灰的高强混凝土相比，前者的微观结构更为均匀，更为致密。随着硅灰含量的增加，氢氧化钙转变成硅酸钙水化物的含量增加，而水泥石中的 CH 含量则会随着硅灰掺量的增加而降低。掺有硅灰的高强混凝土水化物中的钙与硅减少，水化物则与其他离子相结合，使得水泥石抗离子侵入与抵制碱骨料反应的能力提高。与此同时，掺有硅灰的高强混凝土能使骨料周围充满致密无定形的 C—S—H 相，从而使粗骨料与水泥石之间的界面过渡区得到明显改善。

当同时掺入粉煤灰与硅灰时，硅灰主要是由颗粒极细的非晶态二氧化硅组成，具有很高的火山灰活性，而粉煤灰的组成物也同样含有大量的活性物，因此也具有一定的火山灰活性。当两种材料掺入水泥中时可迅速与水泥水化产物氢氧化钙发生二次反应，生成 C—S—H 凝胶，不仅使高强混凝土中游离的氢氧化钙的相对数量减少，尺度缩小，分散度提高，而且还能大大增加 C—S—H 凝胶的数量。也就是说，粉煤灰与硅灰的火山灰效应、填充效应和微集料效应，在双掺水泥浆中得以充分发挥，并且两种外掺料在双掺情况下能在上述三种效应方面互相补充，从而得到比单掺水泥浆更优的硬化水泥浆微观结构，并同时改善了水泥基材—集料界面黏结，最终得到比单掺情况更优越的高性能水泥基复合材料，从而提高混凝土的强度与耐久性。

7.2　高强混凝土损伤退化演化模型

混凝土是由粗细骨料与水泥浆胶合而成的一种非均匀多相颗粒复合材料,高强混凝土中还掺有矿物掺合料,粗细骨料与水泥浆体的组成与分布具有较大的随机性,材料中含有细微缺陷。当混凝土在深厚表土环境中腐蚀时,其内部的微细观结构发生变化,进而引起混凝土宏观性能的改变。本书针对混凝土在深厚表土环境腐蚀作用下的弹性模量变化规律建立了混凝土腐蚀损伤模型,讨论混凝土在深厚表土环境中腐蚀的损伤退化规律。

依据损伤力学,定义混凝土的腐蚀损伤变量 D_t 为:

$$D_t = 1 - \frac{E(t)}{E} \tag{7-21}$$

式中,D_t 为混凝土腐蚀时间 t 后的损伤变量;

$E(t)$ 为混凝土在深厚表土环境中腐蚀时间 t 后的弹性模量;

E 为基准混凝土的弹性模量。

7.2.1　单掺粉煤灰高强混凝土

对三个强度等级的单掺粉煤灰高强混凝土试验数据进行拟合回归,得到了环境 2 与环境 3 中高强混凝土腐蚀损伤值随着腐蚀时间变化的关系式,腐蚀损伤值与时间的关系见表 7-1。

表 7-1　腐蚀损伤值 D_t 与时间 t 的关系

腐蚀时间 $t/(t/\mathrm{day})$			0	45	90	135	180	225
损伤值 $D(t)$	C60	环境 2	0	0.07	0.12	0.14	0.16	0.21
		环境 3	0	−0.04	0.01	0.06	0.09	0.13
	C80	环境 2	0	0.03	0.06	0.10	0.15	0.19
		环境 3	0	−0.03	−0.01	0.03	0.07	0.10
	C100	环境 2	0	0.02	0.04	0.08	0.12	0.15
		环境 3	0	−0.01	−0.01	0.02	0.06	0.09

C60 环境 2： $\qquad D(t)=-2\times10^{-6}t^2+10^{-3}t+8\times10^{-3}$ (7-22)

环境 3： $\qquad D(t)=-5\times10^{-8}t^3+2\times10^{-5}t^2-10^{-3}t-5\times10^{-3}$ (7-23)

C80 环境 2： $\qquad D(t)=1\times10^{-6}t^2$ (7-24)

环境 3： $\qquad D(t)=-3\times10^{-8}t^3+1\times10^{-5}t^2-10^{-3}t-1\times10^{-3}$ (7-25)

C100 环境 2： $\qquad D(t)=1\times10^{-6}t^2-9\times10^{-5}$ (7-26)

环境 3： $\qquad D(t)=-2\times10^{-8}t^3+1\times10^{-5}t^2$ (7-27)

图 7-1～图 7-3 为三个强度等级的单掺粉煤灰高强混凝土的腐蚀损伤值 $D(t)$ 随着腐蚀时间 t 的变化试验值与计算值的变化曲线，式(7-22)～式(7-27)为深厚表土环境中高强钢筋混凝土井壁结构的可靠度计算与寿命预测提供参考和依据。

当 $D(t)=0$ 时，说明混凝土没有损伤；当 $D(t)>0$ 时，说明混凝土出现损伤；当 $D(t)<0$ 时，说明混凝土出现负损伤。

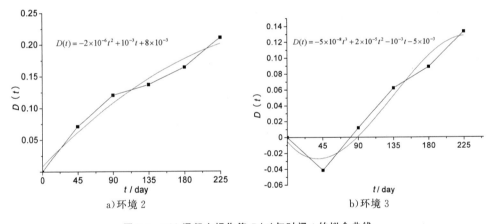

图 7-1　C60 混凝土损伤值 $D(t)$ 与时间 t 的拟合曲线

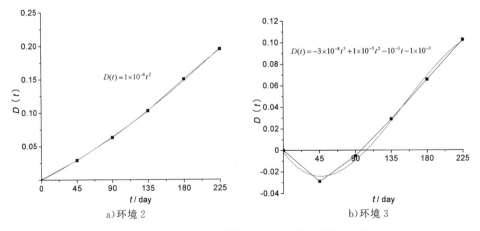

图 7-2　C80 混凝土损伤值 $D(t)$ 与时间 t 的拟合曲线

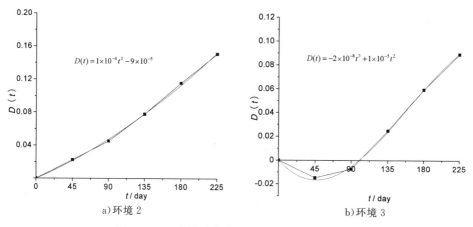

图 7-3　C100 混凝土损伤值 $D(t)$ 与时间 t 的拟合曲线

7.2.2　双掺粉煤灰与硅灰高强混凝土

对三个强度等级的双掺粉煤灰与硅灰高强混凝土试验数据进行拟合回归,得到了环境 2 与环境 3 中高强混凝土腐蚀损伤值随着腐蚀时间变化的关系式,腐蚀损伤值与时间的关系如表 7-2 所示。

表 7-2　腐蚀损伤值 D_t 与时间 t 的关系

腐蚀时/(t/day)			0	45	90	135	180	225
损伤值/$D(t)$	C60	环境 2	0	0.03	0.08	0.12	0.17	0.22
		环境 3	0	−0.04	0.01	0.08	0.10	0.14
	C80	环境 2	0	0.02	0.06	0.09	0.14	0.20
		环境 3	0	−0.03	−0.01	0.04	0.06	0.09
	C100	环境 2	0	0.03	0.04	0.07	0.09	0.12
		环境 3	0	−0.01	0	0.04	0.06	0.10

$$\text{C60 环境 2：}\quad D(t)=6\times10^{-7}t^2-1\times10^{-3} \tag{7-28}$$

$$\text{环境 3：}\quad D(t)=-6\times10^{-8}t^3+2\times10^{-5}t^2-10^{-3}t-3\times10^{-3} \tag{7-29}$$

$$\text{C80 环境 2：}\quad D(t)=2\times10^{-6}t^2-1\times10^{-3} \tag{7-30}$$

$$\text{环境 3：}\quad D(t)=-3\times10^{-8}t^3+1\times10^{-5}t^2-2\times10^{-3} \tag{7-31}$$

$$\text{C100 环境 2：}\quad D(t)=4\times10^{-7}t^2+1\times10^{-3} \tag{7-32}$$

$$\text{环境 3：}\quad D(t)=-2\times10^{-8}t^3+8\times10^{-6}t^2-1\times10^{-3} \tag{7-33}$$

图 7-4～图 7-6 为三个强度等级的双掺粉煤灰与硅灰高强混凝土的腐蚀损伤值 $D(t)$ 随着腐蚀时间 t 的变化试验值与计算值的变化曲线,式(7-28)～式(7-33)为深厚表土环境中高强钢筋混凝土井壁结构的可靠度计算与寿命预测提供参考和依据。

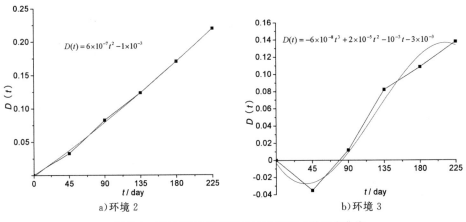

图 7-4　C60 混凝土损伤值 $D(t)$ 与时间 t 的拟合曲线

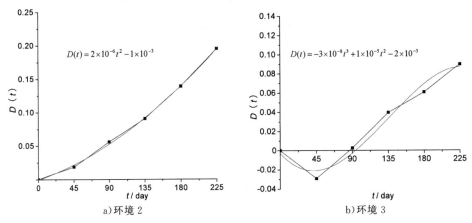

图 7-5　C80 混凝土损伤值 $D(t)$ 与时间 t 的拟合曲线

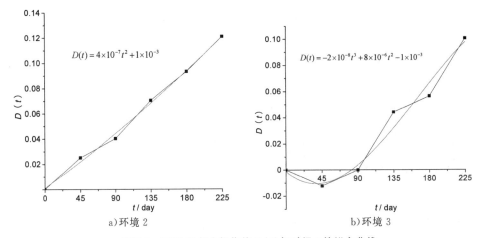

图 7-6　C100 混凝土损伤值 $D(t)$ 与时间 t 的拟合曲线

7.3　高强混凝土损伤演化本构模型

由连续损伤力学,本书设损伤变量满足三参数的 Weibull 分布,则有:

$$D = 1 - \exp\left[-\left(\frac{x-r}{\alpha}\right)^{\beta}\right] \tag{7-34}$$

式中,α 为尺度参数,$\alpha > 0$;

　　　β 为形状参数,$\beta > 0$;

　　　r 为位置参数,在这里表示为试件腐蚀的开始点。

由连续损伤力学理论可知:

$$\sigma = E(1-D)\varepsilon \tag{7-35}$$

通过求导及边界条件,具体见本书第 4.4 节,最后可得到混凝土损伤本构模型:

$$\sigma = E\varepsilon \exp\left[-\frac{1}{\beta}\left(\frac{\varepsilon-r}{\varepsilon_{pc}-r}\right)^{\beta}\right] \tag{7-36}$$

式中,E 为 ε 对应点的切线模量;

　　　ε_{pc} 为峰值应变;

　　　β 为形状参数,$\beta = 1/\ln(E/E_{pr})$;

　　　E_{pr} 为过 ε_{pr} 点的峰值点的割线模量。

7.4　钢筋混凝土井壁结构物理试验与数值计算结果对比

由于物理模拟试验模型与实际钢筋混凝土井壁是相似模拟的关系,所以其应力、应变存在一一对应的关系。对物理模拟试验中,钢筋混凝土井壁原型与截取数值模拟计算的相关数据进行对比分析,如图 7-7 所示。

对图 7-7a)中的两条曲线进行拟合回归:

物理试验结果:　　　　$y = -0.047x - 3.337, R^2 = 0.879$ $\tag{7-37}$

数值计算结果:　　　　$y = -0.075x - 22.96, R^2 = 0.987$ $\tag{7-38}$

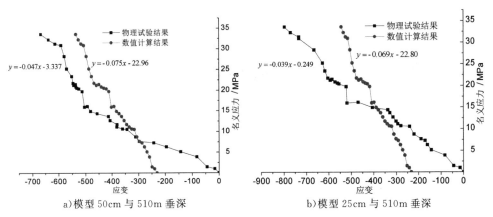

a)模型 50cm 与 510m 垂深　　　　　　　b)模型 25cm 与 510m 垂深

图 7-7　承载力与应变对比

对图 7-7b)中的两条曲线进行拟合回归：

物理试验结果：　　　　　　$y=-0.039x-0.249, R^2=0.974$　　　　　　　　　　(7-39)

数值计算结果：　　　　　　$y=-0.069x-22.80, R^2=0.985$　　　　　　　　　(7-40)

　　在实际工程中，钢筋混凝土井壁在施工结束后，在未疏水之前，其因自重与环向压力的作用下本身就存在一定的应变，其中垂深 510m 处应变为 $-230\ \mu\varepsilon$，515m 处应变为 $-234\ \mu\varepsilon$。而从曲线拟合的斜率来看，其斜率分别为 1.6 与 1.77，主要原因是物理模拟试验中，预应力钢绞线按围圈的方式对钢筋混凝土井壁进行环向加载本身就存在一定的误差，另外环向加载之后在溶液中浸泡放置了一定时间，预应力索发生了一定的应力损失；还有一部分原因是加载荷载较大，试验机难免出现少量的误差。总体来看，物理模拟试验结果与数值模拟计算结果的趋势能够互相得到验证。

7.5　钢筋混凝土井壁结构破裂机理

　　根据前文研究可以得出，仅考虑自重与水土侧压的共同作用时，钢筋混凝土井壁不会发生破裂，只有在含水层水位下降，井壁外侧的周围土层由于土的固结沉降，对井壁的外壁产生了摩擦力，且该摩擦力随着疏水时间的增长而不断增大，在自重、水土压力与增大到一定程度的竖向附加力的耦合作用下，钢筋混凝土井壁内壁内侧会首先发生劈裂破坏，如果竖向附加力不断地增大，井壁最终会被压碎而完全失去承载能力。

　　对于第 5 章数值计算的 4 种不同表土深度的钢筋混凝土井壁，分别得出如下结论。

　　(1)兖州横河副井井筒首次破裂时，在井壁内侧垂深 138m 处，环向应力 σ_θ 为

-9.91MPa,竖向应力 σ_z 为 -18.48 MPa,由于内壁内侧边径向应力为 0,内侧第一个单元的平均径向应力 σ_r 为 -0.25MPa,满足混凝土材料在三向压应力下片状劈裂的破坏准则:

$$\sigma_r/\sigma_z=0.013<0.15$$
$$\sigma_\theta/\sigma_z=0.54>0.15$$
$$\sigma_0=\sqrt{\sigma_r^2+\sigma_\theta^2+\sigma_z^2-\sigma_r\sigma_\theta-\sigma_r\sigma_z-\sigma_z\sigma_\theta}=15.80<f_z=21.77\text{MPa}$$

所以井壁的首次破裂为内壁内侧径向劈裂破坏,此时混凝土等效应力并未超过混凝土材料的极限抗压强度。

(2)龙东煤矿西风井井筒首次破裂时,在井壁内侧垂深 206m 处,环向应力 σ_θ 为 -18.74MPa,竖向应力 σ_z 为 -31.73 MPa,由于内壁内侧边径向应力为 0,内侧第一个单元的平均径向应力 σ_r 为 -1.42MPa,满足混凝土材料在三向压应力下片状劈裂的破坏准则:

$$\sigma_r/\sigma_z=0.04<0.15$$
$$\sigma_\theta/\sigma_z=0.59>0.15$$
$$\sigma_0=\sqrt{\sigma_r^2+\sigma_\theta^2+\sigma_z^2-\sigma_r\sigma_\theta-\sigma_r\sigma_z-\sigma_z\sigma_\theta}=26.33<f_z=34.77\text{MPa}$$

所以井壁的首次破裂为内壁内侧径向劈裂破坏,此时混凝土等效应力并未超过混凝土材料的极限抗压强度。

(3)赵楼煤矿风井井筒首次破裂时,在井壁内侧垂深 475m 处,环向应力 σ_θ 为 -18.5MPa,竖向应力 σ_z 为 -54.12 MPa,由于内壁内侧边径向应力为 0,内侧第一个单元的平均径向应力 σ_r 为 -1.38MPa,满足混凝土材料在三向压应力下片状劈裂的破坏准则:

$$\sigma_r/\sigma_z=0.03<0.15$$
$$\sigma_\theta/\sigma_z=0.42>0.15$$
$$\sigma_0=\sqrt{\sigma_r^2+\sigma_\theta^2+\sigma_z^2-\sigma_r\sigma_\theta-\sigma_r\sigma_z-\sigma_z\sigma_\theta}=46.6<f_z=48.32\text{MPa}$$

所以井壁的首次破裂为内壁内侧径向劈裂破坏,此时混凝土等效应力并未超过混凝土材料的极限抗压强度。

(4)万福煤矿风井井筒首次破裂时,在井壁内侧垂深 750m 处,环向应力 σ_θ 为 -31.3MPa,竖向应力 σ_z 为 -64.75 MPa,由于内壁内侧边径向应力为 0,内侧第一个单元的平均径向应力 σ_r 为 -3.11MPa,满足混凝土材料在三向压应力下片状劈裂的破坏准则:

$$\sigma_r/\sigma_z=0.05<0.15$$
$$\sigma_\theta/\sigma_z=0.48>0.15$$
$$\sigma_0=\sqrt{\sigma_r^2+\sigma_\theta^2+\sigma_z^2-\sigma_r\sigma_\theta-\sigma_r\sigma_z-\sigma_z\sigma_\theta}=53.45<f_z=60.54\text{MPa}$$

　　所以井壁的首次破裂为内壁内侧径向劈裂破坏,此时混凝土等效应力并未超过混凝土材料的极限抗压强度。

　　综上所述,井壁结构在自重、水土水平压力与不断增加的竖向附加力等荷载的耦合作用下,钢筋混凝土材料处于三向压应力状态,随着表土含水层水位的不断下降,竖向附加力不断增大,井壁的环向与径向应力相对稳定,环向压应变绝对值不断减小,径向拉应力不断增大,竖向应力与竖向应变绝对值不断增大,而井壁在表土段与基岩段交界处由于基岩的约束作用使井壁的应力与应变在交界处出现极值点并形成拐点。相比较而言,随着竖向附加力的不断增大,应力会增大到一定数值,满足混凝土片状劈裂破坏准则,井壁内壁内侧会首先发生劈裂破坏,随着竖向附加力的不断增大,如果不对井壁采取一定的治理措施,井壁最终会在表土段与基岩段范围内大段压碎,井壁完全失去承载力。

7.6　钢筋混凝土井壁结构力学性能退化规律

　　双剪统一强度理论是一种对于拉压同性和异性,不同中间主应力效应情况下都可以适用的强度理论,并可以线性逼近于其他的各种强度理论。其统一的表达式为:

$$F = \sigma_1 - \frac{\alpha}{1+b}(b\sigma_2 + \sigma_3) \qquad 当\ \sigma_2 \leqslant \frac{\sigma_1 + \alpha\sigma_3}{1+\alpha} \tag{7-41}$$

$$F' = \frac{1}{1+b}(\sigma_1 + \sigma_2) - \alpha\sigma_3 \qquad 当\ \sigma_2 \geqslant \frac{\sigma_1 + \alpha\sigma_3}{1+\alpha} \tag{7-42}$$

　　对于拉压强度不同的材料,b 为反映中间主剪应力以及相应面上的正应力对材料破坏影响程度的系数,实际上也是一个选用不同强度准则的参数。具体如下:

　　(1)　$b=0$ 时,简化为 $F = F' = \sigma_1 - \alpha\sigma_3 = \sigma_+$,即为莫尔强度理论;

　　(2)　$b=1$ 时,简化为双剪统一强度理论;

　　(3)　$0 \leqslant b \leqslant 1$ 时,可以得出一系列新的强度计算准则以适应各种不同的材料;

　　(4)　$b>1$ 或 $b<1$,可以形成非凸的强度理论。

　　深厚表土层与基岩交界的井壁结构处于三向受力状态,地层经过长年的疏排水以后造成井筒应力 σ_r、σ_θ、σ_z,且有 $\sigma_r = \sigma_1$,$\sigma_\theta = \sigma_2$,$\sigma_z = \sigma_3$。

　　设井筒内外半径为 r_0 与 R,受轴向压力 P 与外部压力 q 作用,荷载简图如图 7-8 所示。

　　将深厚表土与基岩交界的井壁结构三向受力状态代入双剪统一强度理论

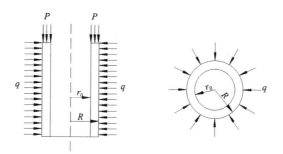

图 7-8　表土与基岩交界面处井筒受力荷载简图

式(7-41)、式(7-42),有:

$$F = \sigma_r - \frac{\alpha}{1+b}(b\sigma_\theta + \sigma_z) \qquad 当 \sigma_\theta \leqslant \frac{\sigma_r + \alpha\sigma_z}{1+\alpha} \tag{7-43}$$

$$F' = \frac{1}{1+b}(\sigma_r + \sigma_\theta) - \alpha\sigma_z \qquad 当 \sigma_\theta \geqslant \frac{\sigma_r + \alpha\sigma_z}{1+\alpha} \tag{7-44}$$

由空间轴对称问题,可写出受均匀压力的厚壁圆筒的应力分量式:

$$\begin{cases} \sigma_r = \dfrac{A}{r^2} + B(1 + 2\ln r) + 2C \\[2mm] \sigma_\theta = -\dfrac{A}{r^2} + B(3 + 2\ln r) + 2C \\[2mm] \tau_{r\theta} = 0 \end{cases} \tag{7-45}$$

且有 $\sigma_z = \mathrm{const}$,由多连域的位移单值条件,应有 $B = 0$,则式(7-45)变为:

$$\begin{cases} \sigma_r = \dfrac{A}{r^2} + 2C \\[2mm] \sigma_\theta = -\dfrac{A}{r^2} + 2C \end{cases} \tag{7-46}$$

且由边界条件:

$$\begin{cases} (\sigma_r)_{r=r_0} = 0 \\[2mm] (\sigma_r)_{r=R} = -q \end{cases} \tag{7-47}$$

则式(7-46)可变成:

$$\begin{cases} \dfrac{A}{r_0^2} + 2C = 0 \\[2mm] \dfrac{A}{R^2} + 2C = -q \end{cases} \tag{7-48}$$

(1)当 $\sigma_\theta \leqslant \dfrac{\sigma_r + \alpha\sigma_z}{1+\alpha}$ 时,将式(7-46)代入式(7-43)中,则有:

$$\frac{A}{r^2} + 2C - \frac{2b\alpha}{1+b}C + \frac{b\alpha}{(1+b)r^2}A - \frac{\alpha\sigma_z}{1+b} = \sigma_s \qquad (7\text{-}49)$$

由损伤力学可设损伤变量 D:

$$D = (A_{\text{面积}} - A'_{\text{面积}})/A_{\text{面积}} \qquad (7\text{-}50)$$

式中,$A_{\text{面积}}$ 表示井壁的原面积,$A'_{\text{面积}}$ 表示井壁损伤后的有效面积。

则可得到:

$$\sigma_z = \frac{P}{A'_{\text{面积}}} = \frac{P}{(1-D)A_{\text{面积}}} = \text{const} \qquad (7\text{-}51)$$

由式(7-48)有:

$$2C = -q - \frac{A}{R^2} \qquad (7\text{-}52)$$

代入式(7-49),则有:

$$\frac{A}{r^2} - \frac{A}{R^2} - q + \frac{b\alpha}{1+b}\left(q + \frac{A}{R^2}\right) + \frac{b\alpha}{(1+b)r^2}A = \sigma_s + \frac{\alpha\sigma_z}{1+b} \qquad (7\text{-}53)$$

经分解后可得:

$$\frac{1}{r^2}A - \frac{1}{R^2}A + \frac{2b\alpha}{(1+b)R^2}A + \frac{b\alpha}{(1+b)r^2}A = \sigma_s + \frac{\alpha\sigma_z}{1+b} + q - \frac{2b\alpha}{1+b}q \qquad (7\text{-}54)$$

解之可得:

$$A = \frac{R^2 r^2[(1+b)(\sigma_s + q) + (\alpha\sigma_z - b\alpha q)]}{(1+b)(R^2 - r^2) + (R^2 + r^2)b\alpha} \qquad (7\text{-}55)$$

将上式代入式(7-52),解得:

$$C = -\frac{r^2[(1+b)(\sigma_s + q) + (\alpha\sigma_z - b\alpha q)]}{2[(1+b)(R^2 - r^2) + (R^2 + r^2)b\alpha]} - \frac{q}{2} \qquad (7\text{-}56)$$

将式(7-55)和式(7-56)代回式(7-45),可得深厚表土层与基岩交界的井壁处应力场分布:

$$\begin{cases} \sigma_r = \dfrac{(R^2 - r^2)[(1+b)(\sigma_s + q) + (\alpha\sigma_z - b\alpha q)]}{(1+b)(R^2 - r^2) + (R^2 + r^2)b\alpha} - q \\[3mm] \sigma_\theta = -\dfrac{(R^2 + r^2)[(1+b)(\sigma_s + q) + (\alpha\sigma_z - b\alpha q)]}{(1+b)(R^2 - r^2) + (R^2 + r^2)b\alpha} - q \\[3mm] \sigma_z = \dfrac{P}{(1-D)A_{\text{面积}}} = \text{const} \end{cases} \qquad (7\text{-}57)$$

当 $r = r_0$ 时,内压为 0,故有:

$$\frac{(R^2 - r_0^2)[(1+b)(\sigma_s + q) + (\alpha\sigma_z - b\alpha q)]}{(1+b)(R^2 - r_0^2) + (R^2 + r_0^2)b\alpha} = q \qquad (7\text{-}58)$$

由此式可得到 σ_s 与 q 之间的关系:

$$\sigma_z = \frac{2qR^2 b}{R^2 - r_0^2} - \frac{(1+b)\sigma_s}{\alpha} \qquad (7\text{-}59)$$

联合式(7-59)与式(7-57),则有极限荷载 P 与 q 之间的关系为:

$$P = \left[\frac{2qR^2 b}{R^2 - r_0^2} - \frac{(1+b)\sigma_s}{\alpha} \right] (1-D) A_{\text{面积}} \qquad (7\text{-}60)$$

(2)当 $\sigma_\theta \geqslant \dfrac{\sigma_r + \alpha\sigma_z}{1+\alpha}$ 时,将式(7-46)代入(7-44)式,则有:

$$\frac{A}{r^2} - q - \frac{A}{R^2} + b\left(-\frac{A}{r^2} - q - \frac{A}{R^2} \right) = (\sigma_s + \alpha\sigma_z)(1+b) \qquad (7\text{-}61)$$

化简可得:

$$A = \frac{R^2 r^2 (\sigma_s + \alpha\sigma_z + q)(1+b)}{(1-b)(R^2 - r^2)} \qquad (7\text{-}62)$$

将上式代入式(7-48),则可得到:

$$C = -\frac{r^2 (\sigma_s + \alpha\sigma_z + q)(1+b)}{2(1-b)(R^2 - r^2)} - \frac{q}{2} \qquad (7\text{-}63)$$

将式(7-62)和式(7-63)代回式(7-45),可得:

$$\begin{cases} \sigma_r = \dfrac{(1+b)(\sigma_s + \alpha\sigma_z - q)}{1-b} - q \\[2mm] \sigma_\theta = -\dfrac{(R^2 + r^2)(1+b)(\sigma_s + \alpha\sigma_z - q)}{(1-b)(R^2 - r^2)} - q \\[2mm] \sigma_z = \dfrac{P}{(1-D)A_{\text{面积}}} = \text{const} \end{cases} \qquad (7\text{-}64)$$

则有 σ_s 与 q 之间的关系:

$$\sigma_z = \frac{2q - (1+b)\sigma_s}{\alpha(1+b)} \qquad (7\text{-}65)$$

极限荷载 P 与 q 之间的关系则为:

$$P = \frac{2q - (1+b)\sigma_s}{(1+b)\alpha} (1-D) A_{\text{面积}} \qquad (7\text{-}66)$$

7.7　本章小结

(1)对钢筋混凝土材料的损伤劣化机理进行了分析,包括 CO_2 对高强混凝土的中性化腐蚀,酸性气体对高强混凝土的溶解性侵蚀,硫酸盐对高强混凝土的膨胀性腐蚀,以及单掺粉煤灰对高强混凝土抗腐蚀性的改善和双掺粉煤灰与硅灰对高强混凝土抗腐蚀性的改善。

(2)基于损伤力学的相关理论,建立了高强混凝土在深厚表土环境中的损伤退化演化模型,得到了高强混凝土的腐蚀损伤值 $D(t)$ 随着腐蚀时间 t 的变化关系,为井壁结构的可靠度计算与寿命预测提供参考和依据。

(3)基于损伤力学的相关理论,采用三参数的 Weibull 分布,得到了高强混凝土损伤本构模型:

$$\sigma = E\varepsilon \exp\left[-\frac{1}{\beta}\left(\frac{\varepsilon - r}{\varepsilon_{pc} - r}\right)^{\beta}\right]$$

式中,E 为 ε 对应点的切线模量;ε_{pc} 为峰值应变;β 为形状参数,$\beta = 1/\ln(E/E_{pr})$;E_{pr} 为过 ε_{pr} 点的峰值点的割线模量。

(4)井壁结构在自重、水土水平压力与不断增加的竖向附加力等荷载的耦合作用下,钢筋混凝土材料处于三向压应力状态。表土含水层水位不断下降,竖向附加力不断增大,当劣化后的井壁应力增大到一定数值,仍然满足混凝土片状劈裂破坏准则,$\sigma_r/\sigma_z < 0.15$,$\sigma_\theta/\sigma_z > 0.15$,此时井壁内壁内侧会首先发生劈裂破坏,随着竖向附加力的不断增大,如果不对井壁采取一定的治理措施,井壁最终会在表土与基岩段范围内出现大段高压碎,井壁完全失去承载力。

(5)基于双剪统一强度理论,分析了井壁结构力学性能的劣化规律,并得到了深厚表土层与基岩交界处井壁的应力场分布:

当 $\sigma_\theta \leqslant \dfrac{\sigma_r + \alpha\sigma_z}{1+\alpha}$ 时,
$$\begin{cases} \sigma_r = \dfrac{(R^2 - r^2)\left[(1+b)(\sigma_s + q) + (\alpha\sigma_z - b\alpha q)\right]}{(1+b)(R^2 - r^2) + (R^2 + r^2)b\alpha} - q \\[3mm] \sigma_\theta = -\dfrac{(R^2 + r^2)\left[(1+b)(\sigma_s + q) + (\alpha\sigma_z - b\alpha q)\right]}{(1+b)(R^2 - r^2) + (R^2 + r^2)b\alpha} - q \\[3mm] \sigma_z = \dfrac{P}{(1-D)A_{\text{面积}}} = \text{const} \end{cases}$$

当 $\sigma_\theta > \dfrac{\sigma_r + \alpha\sigma_z}{1+\alpha}$ 时,
$$\begin{cases} \sigma_r = \dfrac{(1+b)(\sigma_s + \alpha\sigma_z - q)}{1-b} - q \\[3mm] \sigma_\theta = -\dfrac{(R^2 + r^2)(1+b)(\sigma_s + \alpha\sigma_z - q)}{(1-b)(R^2 - r^2)} - q \\[3mm] \sigma_z = \dfrac{P}{(1-D)A_{\text{面积}}} = \text{const} \end{cases}$$

第 8 章

深厚表土环境中RC井壁结构可靠性评价及寿命预测

随着我国经济的发展与地域的不断开发,新建钢筋混凝土结构的速度已越来越慢,更多的问题是老旧钢筋混凝土结构的维护与加固,这就使得预测老旧钢筋混凝土结构的剩余寿命具有非常现实与重要的意义。随着使用时间的增长,在服役过程中,由于自然环境、力学环境与工艺环境等因素的影响,钢筋混凝土结构材料发生劣化,进而结构整体损伤,承载能力下降,可靠性降低。现有调查表明,我国的大部分钢筋混凝土结构开始或已进入相当长的老化阶段,因此,现在急需对这些老旧钢筋混凝土结构进行科学的检测、鉴定、评价与剩余寿命预测。如何对现役钢筋混凝土结构进行剩余寿命预测,以便采取修复、加固、维护等方式使其能够满足后续使用年限要求,是当前迫切需要解决的课题。

我国现行规范规定,钢筋混凝土结构的可靠性包括安全性、适用性和耐久性三项要求。不同的钢筋混凝土结构的功能要求不同,寿命终结的标准也不同,寿命的定义也有差别。现如今,国际上将结构寿命分成三类,见表 8-1。

表 8-1　结构寿命的类型

序号	寿命名称	定义	终结判断
1	技术寿命 (安全寿命)	指结构从开始使用起,因受到外部荷载作用或材料性能退化,致使结构性能退化,无法满足安全性要求为止的年限	承载力极限状态
2	功能寿命 (耐久性寿命)	指结构从开始使用起,因荷载或环境作用,结构材料性能退化,引起结构无法满足正常使用要求为止的时间	正常使用极限状态(如混凝土保护层开裂、剥落等)
3	经济寿命	指从结构开始使用到继续维护的成本超过拆除重建成本的时间	经济优化判据

8.1　钢筋混凝土井壁结构可靠性评价研究

结构的可靠性一般定义为"在规定条件下和规定时间内,结构完成预定功能的概率"。"规定条件"是指结构在设计、施工以及使用等方面的条件,具体来说,就是设计、施工单位应该具备相关资质,用户应该按照设计规定的条件进行正常的使用。"规定时间"是指相关规范规定的结构使用年限,当结构的使用年限超过规范规定时,结构的失效概率将增大。

8.1.1　可靠性评价方法

从已有研究及本书前面几章的内容可以看出:随着既有结构服役时间的不断增加,钢筋混凝土材料性能不断损伤劣化,构件正常使用状态与承载能力状态等不断下降,结构整体安全性降低,因此既有结构的抗力是随着服役时间动态变化的。在结构服役期,结构抗力随服役时间的变化是一个非常复杂的不可逆过程。结构抗力的影响因素大致分为三个方面,即使用材料因素、环境因素和荷载因素的作用。针对本书研究的内容,自然环境对材料的腐蚀作用与荷载作用的不断变化导致了钢筋混凝土井壁结构的耐久性下降。因此,本章主要研究钢筋混凝土井壁结构服役期间抗力衰减引起的可靠度的变化,并将影响结构可靠性的因素归纳为结构抗力 R 和荷载作用效应 S(包括基本效应 G 和辅助效应 Q)两个基本要素。功能函数表示为:

$$Z = g(R, S) = R - S = R - G - Q \tag{8-1}$$

第 t_i 时刻构件可靠度的功能函数为:

$$Z(t_i) = R(t_i)' - S_G - S_Q(t_i) \tag{8-2}$$

式中,$R(t_i)$ 为第 t_i 时刻的构件抗力,为随机变量;

　　　S_G 为恒载效应,认为不随时间发生变化;

　　　$S_Q(t_i)$ 为第 t_i 时刻可变荷载效应,为随机变量。

在时间区间段 $(0, t)$ 内构件的失效概率可以表示为:

$$P_f(t) = P\{\min[R(t_i)' - S_G - S_Q(t_i)] < 0, t_i \in [0, t]\} \tag{8-3}$$

可靠指标为:

$$\beta(t) = \Phi^{-1}[1 - P_f(t)] \tag{8-4}$$

式中,$\beta(t)$ 为 $[0, t]$ 时段内的可靠指标;

　　　$\Phi^{-1}(\cdot)$ 为正态分布函数的逆函数。

将 t_0 时刻以前作为一个时段,则 $j = 0, \Phi = (0) = 0$,抗力为 $(1 + k)R_{t_0}$;t_0 时刻以

后,记为 $R_i = (1+k)R_{t_0}\varphi(t)$;可得:

$$\beta_{t_0+T} = \Phi^{-1}\big[1 - P(t_0 + T)\big] \tag{8-5}$$

将式(8-5)代入式(8-4):

$$\beta_T = \Phi^{-1}\big[1 - P_f(t)\big] = \Phi^{-1}\left[\frac{\Phi(\beta_{t_0+T})}{\Phi(\beta_{t_0})}\right] \tag{8-6}$$

即可得结构构件使用期内的 T 时刻的可靠指标。

8.1.2　考虑二维因素的可靠度计算

1. 基本荷载

井壁结构的基本荷载是指井壁结构的自重、其上面自带设备的重量以及永久地压。就在役钢筋混凝土井壁而言,结构整体重量是一个定值,但由于材料加工、施工工艺的不确定性,导致很难实现对钢筋混凝土的材料容重、构件的几何尺寸以及整体结构自重的准确效应计算,一般的现场检测也只能做到抽样检测,因此作为一种权宜之计,对结构自重仍需作随机变量处理。基本地压的大小是由表土中水土共同对井壁的压力,其一般与深度和不同土层的性质有关,与其他并无太大联系。

文献中给出了基本荷载的经验公式:

$$F_G = \frac{1}{100}R_s \times H \tag{8-7}$$

其中 F_G 是基本荷载,R_s 是一个与深度 H 相关的系数,H 是井的深度。

其中经曲线拟合比较得到 R_s 的表达式如下:

$$R_s = a(\ln H)^b \tag{8-8}$$

这里 a 和 b 是拟合得到的系数,ln 表示自然对数。

代入实测数据样本进行回归分析得到了系数:

$$a = \begin{cases} 1.95399 \\ 1.99406 \\ 1.94516 \end{cases} \quad \text{其值分别为混合土(砂黏土)、黏土与砂土。}$$

$$b = -0.40118$$

所以基本荷载 F_G 的计算公式可以写成:

$$F_G = a(\ln H)^b \times H/100 \tag{8-9}$$

井壁结构的基本荷载属于永久荷载,随时间变化很小,可近似地认为在服役期间内保持一个定值,可以选用随机变量概率模型来描述。一般认为结构基本荷载服从正态分布,其概率分布和统计参数如下:

$$F_G(x) = \frac{1}{\sqrt{2\pi}\sigma_G}\int_{-\infty}^{x}\exp\left[-\frac{(x-\mu_G)^2}{2\sigma_G^2}\right]\mathrm{d}x \tag{8-10}$$

$$\mu_G = \kappa_G G_k \tag{8-11}$$

$$\sigma_G = \mu_G \delta_G \tag{8-12}$$

式中，G_k 为构件基本荷载标准值，G_k＝钢筋混凝土材料容重标准值×构件尺寸＋设备重量；μ_G、σ_G、δ_G 分别为构件基本荷载的平均值、标准值和变异系数，可根据规范规定的材料容重统计参数和构件尺寸综合确定。

基本荷载效应与基本荷载之间一般按线性关系考虑，基本荷载效应取与基本荷载相同的概率模型，其概率分布和统计参数如下：

$$F_{SG}(x) = \frac{1}{\sqrt{2\pi}\,\sigma_{SG}} \int_{-\infty}^{x} \exp\left[-\frac{(x-\mu_{SG})^2}{2\sigma_{SG}^2}\right] dx \tag{8-13}$$

$$\mu_{SG} = \kappa_{SG} S_{Gk} \tag{8-14}$$

$$\sigma_{SG} = \mu_{SG}\delta_{SG} \tag{8-15}$$

式中，S_{Gk} 为基本荷载效应标准值，μ_{SG}、σ_{SG}、δ_{SG} 分别为基本荷载的平均值、标准值和变异系数。基本荷载效应标准值和统计参数根据实际基本荷载确定。

2. 辅助荷载

由表土段含水层疏排水等导致不断增大的竖向附加荷载是井壁结构的辅助荷载，在各种荷载组合中占有重要地位。竖向附加荷载随时间变异性大，应采用随机过程模型来描述。竖向附加荷载常常引起井壁受力的非均布性，等同于现行设计中的非均布荷载，国内外对于非均布荷载的表达式有以下两种：

$$F_N = \frac{1}{2}\beta_N F_G (1 + \cos 2\theta) \tag{8-16}$$

$$F_N = F_G \beta_N \sin\alpha \tag{8-17}$$

式中，β_N 为非均布荷载系数。

为了简化分析，将各类荷载的随机过程统一模化为平稳二项随机过程，从而得到设计基准期（T）内最大荷载的分布函数 $F_{QT}(x)$ 与任意时段上的荷载分布函数 $F_Q(x)$ 的关系如下式：

$$F_{QT}(x) = \prod_{i=1}^{\nu} F_Q \tau_i(x) = \{1 - p[1 - F_Q(x)]\}^{\nu} \tag{8-18}$$

式中，ν 为设计基准期内的总时段数。

对于每一时段 τ 上必然出现的荷载，如 F_G 等，此时 $p=1$，上式又可以改写为：

$$F_{QT}(x) = [F_Q(x)]^{\nu} \tag{8-19}$$

经由荷载效应组合后有 $F_K = F_G + F_N$，且有 $F_K \sim N(1.207399 F_G, 0.056918 F_G)$。

3. 抗力效应模型

考虑构件耐久性参数随时间变化，在役井壁的抗力衰减概率模型可以表示为：

$$R(t) = K_{TF}(t) K_P R_P(f_{ci}(t), a_i(t), k_{bi}(t)) \tag{8-20}$$

式中,R(t)为构件抗力随机过程;K$_{TF}$(t)为考虑抗力参数测试及预测影响的随机过程,下标 T 和 F 分别表示测试和预测;K$_P$ 为抗力计算模式不定性随机变量;R$_P$ 为规范规定的抗力函数;需要指出的是,该预测模型的时间零点是当前时刻,且当前时刻抗力参数采用测试值,抗力参数预测值是基于当前时刻测试的预测值。当 t 取 0 时,该预测模型就转变为评估模型。

根据上面公式,推导构件抗力预测概率模型,以方便编制构件抗力计算程序。依据文献与本章内容给出井壁的功能函数表达式:

$$\begin{cases} Z = \left(\dfrac{\lambda\sigma_c}{1-\lambda K} + \mu_g\sigma_g \right) - P \\[2mm] \sigma_\theta \leqslant \dfrac{\sigma_r + \alpha\sigma_z}{1+\alpha}, P = \left[\dfrac{2qR^2 b}{R^2 - r_0^2} - \dfrac{(1+b)\sigma_s}{\alpha} \right](1-D)A_{面积} \\[2mm] \sigma_\theta \geqslant \dfrac{\sigma_r + \alpha\sigma_z}{1+\alpha}, P = \dfrac{2q - (1+b)\sigma_s}{(1+b)\alpha}(1-D)A_{面积} \end{cases} \tag{8-21}$$

式中,λ 为井壁的厚径比;

　　　σ$_c$ 为混凝土轴心抗压强度;

　　　μ$_g$ 为井壁中的环向配筋率;

　　　σ$_g$ 为钢筋的屈服强度;

　　　K 为井壁中的强度系数;

　　　P 为井壁承受的外荷载;

　　　r$_0$ 为井壁内半径;

　　　R 为井壁外半径。

如果功能函数的概率密度已知,则井壁的可靠度为:

$$p_s = P\{Z \geqslant 0\} = \int_0^\infty f_z(Z)\mathrm{d}z \tag{8-22}$$

如果结构抗力与作用荷载的方差和均值能够计算且服从正态分布,则可靠度计算有:

$$\beta = \frac{\mu_R - \mu_S}{\sqrt{\sigma_R^2 + \sigma_S^2}} \tag{8-23}$$

$$\beta = \frac{\varphi_R\mu_R - \varphi_S\mu_S}{\sqrt{(\varphi_R\sigma_R)^2 + (\varphi_S\sigma_S)^2}} \tag{8-24}$$

8.2 钢筋混凝土井壁结构可靠性评价实例

依据第 4 章与以前课题组的相关研究内容,可得混凝土轴心抗压强度 σ_c 的变化规律,并结合前文以及其他文献中荷载 P 的变化规律,在以钢筋混凝土井壁厚径比 λ、配筋率 μ_g 以及钢筋屈服强度 σ_g、井壁强度系数 K 不变的前提下,得到在役井壁在不同混凝土强度与荷载条件下的可靠指标与失效概率的 Mesh 图形。

(1)以兖州横河副井井筒为例,计算结果如图 8-2 所示。由图 8-2 与表 8-2 可以看出,在役钢筋混凝土井壁在 C30 强度等级的情况下,用于第 10 年时其可靠度非常低,在不考虑材料劣化的情况下其失效概率已达到了 0.697,考虑了随着时间的推迟材料不断劣化的情况下第 10 年的失效概率已达到了 0.998,可以说其已不能继续使用了,而实际井壁是在第 10 年左右出现开裂,之后混凝土继续破裂,很快井壁就不能继续使用。但如果考虑井壁混凝土的等级采用 C50、C70 等以上的混凝土时,其同期可靠度能够远远大于 C30 得到的效果,基本上 20～30 年内依旧能够继续使用,或者减小竖向附加力的增加速率,也可以使可靠度更为缓慢地降低。当在役井壁结构的可靠度较低时,可采取开槽与加设套壁的方式进行加固,或在井壁开始建设时设立可压缩层进行预防,减缓和减少表土与基岩交界处截面应力的增大速率,以达到钢筋混凝土井壁在使用时间范围内能够满足安全生产的可靠性要求。

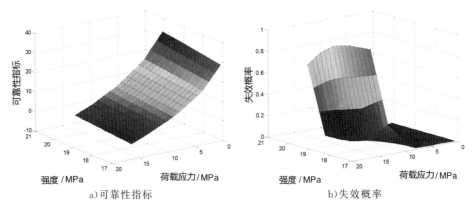

a)可靠性指标   b)失效概率

图 8-2 可靠性指标、失效概率与强度和荷载应力的关系

表 8-2　井壁可靠度、失效概率汇总

序号	材料强度/MPa	荷载应力/MPa	可靠性指标	失效概率
1	22.1	0	33.035	1.27E-239
2	22.1	3.2	20.960	7.63E-98
3	22.1	8	10.306	3.31E-25
4	22.1	12.8	3.211	0.00066
5	22.1	16	−0.516	0.69704
6	21.3	0	31.946	3.03E-224
7	21.3	3.2	20.090	4.54E-90
8	21.3	8	9.605	3.80E-22
9	21.3	12.8	2.608	0.00455
10	21.3	16	−1.072	0.85822
11	20.7	0	31.013	1.79E-211
12	20.7	3.2	19.344	1.15E-83
13	20.7	8	9.005	1.08E-19
14	20.7	12.8	2.091	0.01825
15	20.7	16	−1.549	0.93935
16	19.9	0	29.924	4.74E-197
17	19.9	3.2	18.474	1.68E-76
18	19.9	8	8.304	5.04E-17
19	19.9	12.8	1.488	0.06831
20	19.9	16	−2.106	0.98239
21	18.8	0	28.369	2.44E-177
22	18.8	3.2	17.231	7.83E-67
23	18.8	8	7.303	1.41E-13
24	18.8	12.8	0.627	0.26520
25	18.8	16	−2.901	0.99813

（2）以龙东煤矿风井为例，计算结果如图 8-3 所示。由图 8-3 与表 8-3 可以看出，在役钢筋混凝土井壁在 C50 强度等级的情况下，用于第 15 年时其可靠度已非常低，在不考虑材料劣化的情况下其失效概率已达到了 0.984，考虑了随着时间的推迟材料不断劣化的情况下第 10 年的失效概率已达到了 1，已经不能继续使用了，而实际井壁是在第 15 年左右出现了开裂，之后混凝土继续破裂，很快井壁就不能继续使用。但如果考

虑井壁混凝土的等级采用 C70、C90 等以上的混凝土时,其同期可靠度能够远远大于 C50 得到的效果,同时可采取对表土与基岩交界处的含水层注浆的方式阻止土层的沉降,既减小竖向附加力的增加速率,也可以使可靠度更为缓慢地降低。当在役井壁结构的可靠度较低时,可采取开槽与加设套壁的方式进行加固,或在井壁开始建设时设立可压缩层进行预防,减缓和减少表土与基岩交界处截面应力的增大速率,以达到钢筋混凝土井壁在使用时间范围内能够满足安全生产的可靠性要求。

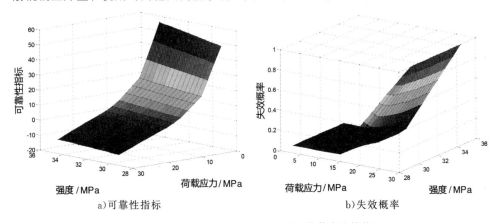

a) 可靠性指标　　　　　　　　　　　　b) 失效概率

图 8-3　可靠性指标、失效概率与强度和荷载应力的关系

表 8-3　井壁可靠度、失效概率汇总

序号	材料强度/MPa	荷载应力/MPa	可靠性指标	失效概率
1	34.4	0	56.050	0
2	34.4	6	21.126	2.28E-99
3	34.4	12	8.361	3.11E-17
4	34.4	24	4.017	2.95E-04
5	34.4	30	−2.106	0.98239
6	33.2	0	54.184	0
7	33.2	6	20.081	5.43E-90
8	33.2	12	7.556	2.08E-14
9	33.2	24	3.283	0.00124
10	33.2	30	−2.950	0.999814
11	32.2	0	52.628	0
12	32.2	6	19.210	1.54E-82
13	32.2	12	6.885	2.89E-12
14	32.2	24	2.671	0.00777

续表

序号	材料强度/MPa	荷载应力/MPa	可靠性指标	失效概率
15	32.2	30	−4.3040	1
16	30	0	49.206	0
17	30	6	17.293	2.66E-67
18	30	12	5.409	3.17E-08
19	30	24	1.326	0.05243
20	30	30	−5.290	1
21	29.2	0	47.962	0
22	29.2	6	16.596	3.73E-62
23	29.2	12	4.872	5.52E-07
24	29.2	24	0.837	0.13139
25	29.2	30	−7.651	1

（3）以赵楼煤矿风井为例,计算结果如图 8-4 所示。由图 8-4 与表 8-4 可以看出,在役钢筋混凝土井壁在 C70 强度等级的情况下,在荷载应力达到 35MPa 时其可靠度已非常低,不考虑材料劣化与考虑劣化的情况下其失效概率均已达到了 0.999,已经不能继续使用了。但如果考虑井壁混凝土的等级采用 C90、C100 等以上的高强混凝土或超高强混凝土时,其可靠度能够大于 C70 得到的效果,但竖向附加力继续增大到了一定的数值后仍然会发生破坏,基于此情况,可采取在表土与基岩交界的外壁附近以注浆的方式阻止土层的沉降或设立可压缩层来减缓和减少表土与基岩交界处危险界面的应力增大速率,以达到钢筋混凝土在使用时间范围内能够满足安全生产的可靠性要求。

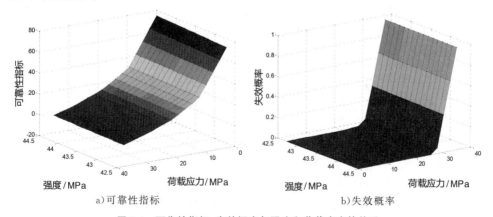

a）可靠性指标　　　　　　　　　　　　b）失效概率

图 8-4　可靠性指标、失效概率与强度和荷载应力的关系

表 8-4　井壁可靠度、失效概率汇总

序号	材料强度/MPa	荷载应力/MPa	可靠性指标	失效概率
1	44.5	0	74.789	0
2	44.5	9.6	29.079	3.33E-186
3	44.5	18.4	13.478	1.05E-41
4	44.5	27.6	3.153	0.00081
5	44.5	35	−3.121	0.99909
6	44	0	74.011	0
7	44	9.6	28.642	1.02E-180
8	44	18.4	13.135	1.03E-39
9	44	27.6	2.864	0.00209
10	44	35	−3.382	0.99964
11	43.6	0	73.389	0
12	43.6	9.6	28.292	2.19E-176
13	43.6	18.4	12.861	3.72E-38
14	43.6	27.6	2.633	0.00423
15	43.6	35	−3.591	0.99983
16	43.2	0	72.766	0
17	43.2	9.6	27.942	4.13E-172
18	43.2	18.4	12.587	1.25E-36
19	43.2	27.6	2.401	0.00817
20	43.2	35	−3.800	0.99992
21	42.7	0	71.989	0
22	42.7	9.6	27.505	7.71E-167
23	42.7	18.4	12.244	9.03E-35
24	42.7	27.6	2.112	0.01736
25	42.7	35	−4.060	0.99997

　　(4)以万福煤矿风井为例,计算结果如图 8-5 所示。由图 8-5 与表 8-5 可以看出,在役钢筋混凝土井壁在 C100 强度等级的情况下,在荷载应力达到 58.4MPa 时其可靠度已非常低,不考虑材料劣化与考虑劣化的情况下其失效概率为 0.75~0.98,均已很大,已经不能继续使用了。但如果考虑井壁混凝土的等级采用更高的超高强混凝土时,其可靠度能够大于 C100 得到的效果,但到了一定的年份后仍然会发生破坏,基于此情

况,可设立可压缩层来减缓和减少表土与基岩交界处危险界面的应力增大速率,以达到钢筋混凝土在使用时间范围内能够满足安全生产的可靠性要求。

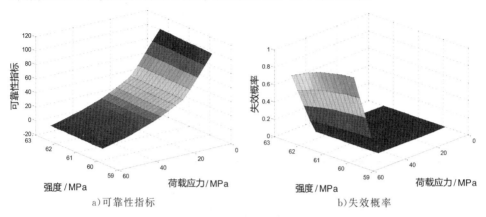

a)可靠性指标　　　　　　　　　　　　b)失效概率

图 8-5　可靠性指标、失效概率与强度和荷载应力的关系

表 8-5　井壁可靠度、失效概率汇总

序号	材料强度/MPa	荷载应力/MPa	可靠性指标	失效概率
1	62.4	0	101.154	0
2	62.4	14.6	45.229	0
3	62.4	29.2	23.239	9.20E-120
4	62.4	43.8	9.464	1.48E-21
5	62.4	58.4	−0.690	0.75484
6	61.8	0	100.220	0
7	61.8	14.6	44.669	0
8	61.8	29.2	22.802	2.21E-115
9	61.8	43.8	9.094	4.79E-20
10	61.8	58.4	−1.018	0.84555
11	61.2	0	99.287	0
12	61.2	14.6	44.109	0
13	61.2	29.2	22.364	4.38E-111
14	61.2	43.8	8.723	1.36E-18
15	61.2	58.4	−1.345	0.91073
16	60.5	0	98.198	0
17	60.5	14.6	43.456	0
18	60.5	29.2	21.854	3.55E-106

续表

序号	材料强度/MPa	荷载应力/MPa	可靠性指标	失效概率
19	60.5	43.8	8.290	5.67E-17
20	60.5	58.4	−1.728	0.95797
21	59.9	0	97.265	0
22	59.9	14.6	42.896	0
23	59.9	29.2	21.417	4.66E-102
24	59.9	43.8	7.919	1.19E-15
25	59.9	58.4	−2.055	0.98007

8.3 钢筋混凝土井壁结构寿命预测研究

8.3.1 剩余使用寿命预测方法

在役钢筋混凝土井壁结构的剩余使用寿命预测受到自然环境、荷载环境以及自身材料变化等因素的影响,因此很难对其进行量化处理,预测方法相对较为复杂。目前,在役钢筋混凝土结构的预测方法往往只考虑多种影响因素中的一个关键性因素,且预测方法涉及多个学科,目前国内外专家与学者提出了以下几个主要的预测方法。

1. 经验预测方法

经验预测方法是依据大量现场工程检测与实验室试验得到的结果,凭借预测专家相关的专业知识以及经验积累对在役建筑结构的剩余使用寿命进行预测。但该预测方法具有相当强的人为主观性,不同专家预测的结果可能差异性较大,与预测专家的知识水平和经验积累有着直接关系。

2. 类比预测方法

类比预测方法认为在相同或相似环境内,相似建筑结构的使用寿命基本上是一致的。但由于不同建筑结构的材料配置以及施工水平的差异性造成了建筑结构本身的多样性,同时由于不同建筑结构的使用功能不同,环境因素具有多样性与多变性,因此在现实中基本上很难找到相似环境中的相似建筑结构,该方法存在着较大的不合理性,通常只是作为预测专家的辅助预测方法,很少使用。

3. 加速试验预测方法

加速试验预测方法是通过设置钢筋混凝土结构的相似服役环境,对结构的混凝土与钢筋材料的损伤劣化程度进行相应的研究,以此作为基础对钢筋混凝土整体结构进行剩余寿命预测。结构的相似服役环境包括自然环境和荷载环境。自然环境通常是加大侵蚀物质的浓度,提高温度或湿度;而荷载环境是对构件进行相似加载来近似模拟。该方法存在的问题是很难得到实验室的腐蚀速率与现实结构的腐蚀速率一个准确的对应关系,需要进行大量的试验,但该方法得到的结构性能退化机理是相同的。

4. 数学理论模型预测方法

数学理论模型预测方法是通过数学方法建立模型,依据现场实测数据作为参数选择进行计算,对钢筋混凝土结构的剩余使用寿命进行预测。该方法需要合理地建立数学模型以及准确的实测数据。由于该方法较为合理,因此普遍用于目前钢筋混凝土结构的剩余使用寿命预测。

5. 概率分析预测方法

概率分析预测方法是通过大量的现场实测数据,建立相应的数据库,采用概率统计分析方法,建立相应的数学模型对钢筋混凝土结构的剩余使用寿命进行预测。此方法的数据库中数据越多,预测的准确度越大。

6. 结构可靠度理论的预测方法

基于结构可靠度理论的预测方法最重要的是建立钢筋混凝土结构的可靠度与时间的关系。当结构整体劣化到一定程度,结构的可靠度降低到相应规范规定的最小值的时间就称为结构的使用寿命,此时即为结构使用寿命终结。所有方法中依据结构可靠度理论的预测方法相对于其他方法较为合理,因此运用较为广泛。

8.3.2　基于可靠度的耐久寿命预测

确定了钢筋混凝土井壁结构任意时刻的基于性能的评价准则后,即可以得到井壁结构在任意时刻的剩余使用寿命。在结构可靠性理论研究中,这个准则可以极限状态方程的形式表现出来。

耐久寿命的极限状态方程:

$$Z = R(t) - S(t) \tag{8-25}$$

式中,Z 为耐久寿命预测的功能函数;

$\quad\quad R(t)$ 为结构的广义抗力;

$\quad\quad S(t)$ 为结构构件的荷载效应。

结构的失效概率定义为:

$$P_f(t) = P[Z \leqslant 0] = P[S(t) \geqslant R(t)] \tag{8-26}$$

任意时刻,当井壁结构的失效概率 $P_f(t)$ 大于规定的可接受的失效概率时,此时即为结构使用寿命终结,称为结构的使用寿命。在此可以由式(8-27)来表示:

$$P_f(T_p) \geqslant P_{f,a} \tag{8-27}$$

式中，T_p 为井壁结构使用寿命终结时期；

$P_{f,a}$ 为可接受的失效概率限值。

由基于结构可靠度理论的剩余寿命预测方法定义可知，钢筋混凝土井壁结构寿命终结并非指井壁结构已经整体倒塌破坏，而是指此时井壁结构的可靠度已降低或已超过了相应规范规定的最小值。井壁结构的混凝土是由粗、细骨料与不同的胶凝材料胶合而成的一种非均匀多相颗粒复合材料，同时井壁结构主要受到自然环境、荷载环境等因素的影响，因此井壁结构的失效是一个随机事件，具有不可预见性，井壁结构的剩余寿命是一个随机变量。

本节以钢筋混凝土井壁结构的可靠性作为其剩余使用寿命的评估准则，认为当井壁结构的可靠度低于某一水平时即已达到其使用寿命的终点。一般认为当结构的可靠指标 $\beta \leqslant 0.85\beta_0$ 时（β_0 为设计基准期内的目标可靠度），该结构处于破坏状态，已不能继续使用，必须采取一定的措施。

若钢筋混凝土井壁结构已经服役了 t_0 年，则其剩余寿命可以表示为：

$$Y = X - t_0 \tag{8-28}$$

那么钢筋混凝土井壁的剩余寿命 Y 大于某一值 T 的概率为一条件概率：

$$P(Y > T \mid X > t_0) = P(X > T + t_0 \mid X > t_0)$$

$$= \frac{1 - F(T + t_0)}{1 - F(t_0)} = \frac{\Phi(\beta_{T+t_0})}{\Phi(\beta_{t_0})} \tag{8-29}$$

当 $T = 0$ 时，有：

$$p_{f_T} = 1 - \frac{\Phi(\beta_{t_0})}{\Phi(\beta_{t_0})} = 0 \tag{8-30}$$

8.4　钢筋混凝土井壁结构寿命预测实例

利用本章前三节所述的方法，对厚、中厚、深厚、巨厚四种不同表土深度中钢筋混凝土井壁的剩余寿命进行预测。本次预测过程不考虑井壁结构后期的治理或前期的预防，得到在只靠自身"抗"的条件下井壁结构的使用寿命与可靠指标的相应关系。

钢筋混凝土井壁是一种特殊的地下特种结构，其荷载效应与表土段含水层的疏水速度有着直接的关系，以兖州横河煤矿副井、龙东煤矿西风井、赵楼煤矿风井与万福煤矿风井为例,在此假设各井筒表土与基岩段内壁竖向附加应力的年平均增长率分别为 0.8MPa/a、1.0MPa/a、1.4MPa/a 与 1.82MPa/a,可靠度指标不得低于 2.7。表 8-6 为不同表土深度不同条件下井壁可靠指标汇总表,图 8-6 为可靠指标随使用寿命的变化曲线。

表 8-6　井壁可靠指标汇总

表土深度/	材料强度/	荷载应力/	可靠指标				
m	MPa	MPa	不考虑劣化	劣化一	劣化二	劣化三	劣化四
138	22.1	3.2	33.04	31.95	31.01	29.92	28.37
138	21.3	6.4	20.96	20.09	19.34	18.47	17.23
138	20.7	9.6	10.31	9.61	9.01	8.30	7.30
138	19.9	12.8	3.21	2.61	2.09	1.49	0.63
138	18.8	16	−0..516	−1.07	−1.55	−2.11	−2.90
206	34.4	6	56.05	54.18	52.63	49.21	47.96
206	33.2	12	21.13	20.08	19.21	17.29	16.60
206	32.2	18	8.36	7.56	6.89	5.41	4.87
206	30	24	4.02	3.28	2.67	1.33	0.84
206	29.2	30	−2.11	−2.95	−4.30	−5.29	−7.65
475	44.5	9.8	74.79	74.01	73.39	72.77	71.99
475	44	19.6	29.08	28.64	28.29	27.94	27.51
475	43.6	29.4	13.48	13.14	12.86	12.59	12.24
475	43.2	39.2	3.15	2.86	2.63	2.40	2.11
475	42.7	49	−3.12	−3.38	−3.59	−3.80	−4.06
750	62.4	11.65	101.15	100.22	99.29	98.20	97.27
750	61.8	23.3	45.23	44.67	44.11	43.46	42.90
750	61.2	34.95	23.24	22.80	22.36	21.85	21.42
750	60.5	46.6	9.46	9.09	8.72	8.29	7.92
750	59.9	58.24	−0.69	−1.02	−1.35	−1.73	−2.06

由表 8-6 可以看出,随着厚、中厚、深厚、巨厚四种不同表土深度中表土段含水层疏水时间的增长(竖向附加力的不断增大),钢筋混凝土井壁结构的可靠指标不断地降低,当可靠度降低到 2.7 以下时,此时判断井壁已不能继续使用,必须采取相应的措施。由四种不同表土深度中钢筋混凝土井壁结构的可靠指标与使用寿命变化曲线疏密程度可以看出,钢筋混凝土井壁结构的材料对于整体结构的使用时间具有相当大的影响,高强混凝土比普通混凝土的强度高、耐久性好,在相同的时间内腐蚀程度比普通

混凝土低,所以高强混凝土曲线比普通混凝土曲线表现更密。

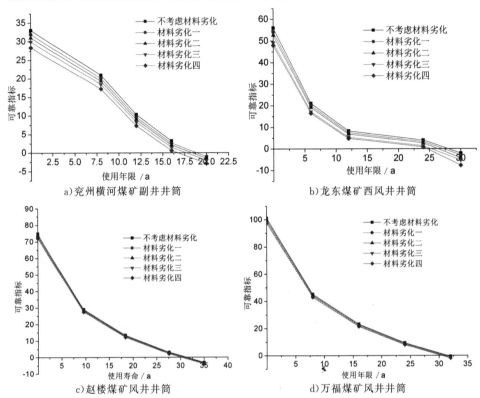

图 8-6 可靠指标随使用寿命变化曲线

8.5 本章小结

(1)本章依据前文的研究成果,提出了钢筋混凝土井壁的可靠度计算方法。在考虑荷载与效应二维因素的条件下,基于 MATLAB 软件,分析了钢筋混凝土井壁的厚径比、配筋率以及钢筋屈服强度,在井壁强度系数不变的前提下,得到了四种表土深度中钢筋混凝土井壁结构于不同混凝土强度与荷载条件(竖向附加力变化)下的可靠指标与失效概率的 Mesh 图形。

(2)通过分析得出,在上面前提不变的情况下井壁结构可通过增大混凝土的强度等级或减小竖向附加力的增加速率,使可靠度更为缓慢地降低。当服役井壁结构的可靠度较低时,可采取开槽与加设套壁的方式进行加固,或在井壁开始建设时设立可压缩层进行预防,以减缓和减少表土与基岩交界处截面应力的增大速率,从而达到钢筋混凝土井壁在使用时间范围内能够满足安全生产的可靠性要求。

(3)基于结构可靠性理论的预测方法,建立了井壁结构可靠性与使用寿命之间的关系。依据《建筑结构可靠性设计统一标准》(GB 50068-2018)中规定的可靠性指标,当结构可靠指标 $\beta \leqslant 0.85\beta_0$ 时,认为该结构处于破坏状态,本章依据该指标得到了不同表土深度中钢筋混凝土井壁的可靠指标与使用寿命的变化曲线。

第 9 章

结论与展望

我国的煤矿开采深度越来越深,随之而来的技术难题也越来越多。在未来开采过程中,钢筋混凝土井筒将一直是我们重要的"咽喉"要道。

9.1　主要结论

钢筋混凝土结构在恶劣环境中的耐久性问题日益显露,钢筋混凝土井壁结构所处的深厚表土环境尤为恶劣,主要为内壁环境的气态、液态与固态介质中有害离子对内壁材料的腐蚀,以及外壁环境的液态与固态介质中有害离子对外壁材料的腐蚀。本书在分析钢筋混凝土井壁内、外壁环境特征基础上,利用人工环境气候室、X射线衍射仪等试验仪器,综合理论分析、物理试验与数值计算等手段对深厚表土环境中高强混凝土材料性能退化规律、井壁结构力学性能退化规律、井壁结构可靠性评价及寿命预测与井壁结构防治技术开展研究,主要结论如下。

(1)在现有技术与设备的基础上,利用物理、化学等手段,提炼出了钢筋混凝土井壁结构参数,以及井壁结构所处的深厚表土自然环境与力学环境主要特征。井壁分为内壁与外壁,其中内壁接触的环境主要有气态、固态及液态介质,气态介质中含有较高浓度的 H_2S、HCl、SO_2、NO_x、CO_2 等,液态介质中含有 SO_4^{2-}、Ca^{2+}、Mg^{2+} 等离子,固态介质中主要为 Al_2O_3 等介质,且风井内为高温高湿的环境,其湿度达到 $90\% \sim 95\%$。外壁使用阶段中接触的环境主要是地下水与土层,其中含有较多的 SO_4^{2-}、Ca^{2+}、Mg^{2+} 等离子,这些介质对混凝土均具有或多或少的腐蚀性作用。井壁结构承受的荷载主要有自重、外部设备重量、温度应力、水土压力以及竖向附加力等,这些荷载构成了井壁复杂的力学环境。

（2）通过在人工环境气候室中进行的深厚表土环境的模拟试验，完成了模拟井壁外壁环境与内壁环境对高强混凝土的侵蚀试验，得到了高强混凝土在该环境中立方体抗压强度与应力－应变全曲线的时变过程。随着侵蚀时间的增长，三种强度等级的混凝土立方体试块与应力－应变全曲线在模拟内壁环境中均处于逐渐降低阶段，其中强度越高，降低的程度越低。三种强度等级的混凝土立方体试块与应力－应变全曲线在模拟外壁环境中先处于上升阶段，然后随着周期的增加，将进入下降阶段，其中强度越高，降低的程度越低。三个强度等级的单掺粉煤灰混凝土在环境 1 中强度损失率最大为 6.4％、4.9％与 3.7％，在环境 2 中强度损失率最大为 6.9％、5.3％与 4.2％，在环境 3 中强度损失率最大为 7.6％、5.6％与 4.8％；三个强度等级的双掺粉煤灰与硅灰混凝土在环境 1 中强度损失率最大为 6.4％、4.3％与 3.3％，在环境 2 中强度损失率最大为 6.8％、4.9％与 4.0％，在环境 3 中强度损失率最大为 7.4％、5.3％与 4.4％。由混凝土立方体试块的试验数据，回归得到了在该类环境中强度随时间变化的方程；结合损伤力学的相关知识与三参数的 Weibull 分布，建立起了高强混凝土受侵蚀后的应力－应变方程，并对高强混凝土进行了 XRD 与 XRF 微观分析，从微观角度分析了劣化混凝土的生成物与含量。

（3）通过对表土段 138m、206m、475m 与 750m 深钢筋混凝土井壁原型的数值模拟计算，得到并验证了表土段中竖向附加力是钢筋混凝土井壁破裂的原因。随着地下疏水的不断进行，土体不断固结沉降，造成了井壁外侧的竖向附加力不断增大，而同时随着井壁混凝土材料在内壁与外壁所处不同环境的劣化，井壁会更早地在表土段与基岩段交界处内壁内侧出现混凝土劈裂破坏，然后裂缝在交界处附近发展，最后井壁的下半部分整体被压碎破坏。

（4）选取 500m 深度、20m 高的钢筋混凝土井壁进行物理相似模拟试验，环境分别为环向加载－自然养护、环向加载＋腐蚀、竖向加载＋环向加载＋腐蚀三种。随着周期的增长，在环向加载＋腐蚀与竖向加载＋环向加载＋腐蚀耦合环境下，钢筋混凝土井壁出现了轻度的劣化，其中竖向加载＋环向加载＋腐蚀耦合作用下混凝土井壁的开裂荷载与极限荷载要比环向加载＋腐蚀环境下井壁的低，主要原因是竖向荷载使井壁的表面出现了微裂缝，加速了人工环境气候室中有害离子对混凝土的侵蚀。三种情况下井壁模型破裂形式相似，整体呈现斜剪破坏。

（5）分析了高强混凝土材料的损伤劣化机理，包括 CO_2 对高强混凝土的中性化腐蚀，酸性气体对高强混凝土的溶解性侵蚀，硫酸盐对高强混凝土的膨胀性腐蚀，以及单掺粉煤灰对高强混凝土抗腐蚀性的改善和双掺粉煤灰与硅灰对高强混凝土抗腐蚀性的改善。基于损伤力学的相关理论，建立了高强混凝土腐蚀损伤模型，并将拟合曲线与试验曲线进行了相应的对比。基于损伤力学的相关理论，采用三参数的 Weibull 分布,得到了高强混凝土损伤本构模型。结合物理试验与数值计算的成果,对钢筋混凝土井壁的破裂机理进行了研究,基于双剪统一强度理论,分析了井壁结构力学性能的劣化规律,并得到了深厚表土层与基岩交界的井壁处应力场分布:

$$当\ \sigma_\theta \leqslant \frac{\sigma_r + \alpha\sigma_z}{1+\alpha}\ 时,\begin{cases} \sigma_r = \dfrac{(R^2 - r^2)\big[(1+b)(\sigma_s + q) + (\alpha\sigma_z - b\alpha q)\big]}{(1+b)(R^2 - r^2) + (R^2 + r^2)b\alpha} - q \\[3mm] \sigma_\theta = -\dfrac{(R^2 + r^2)\big[(1+b)(\sigma_s + q) + (\alpha\sigma_z - b\alpha q)\big]}{(1+b)(R^2 - r^2) + (R^2 + r^2)b\alpha} - q \\[3mm] \sigma_z = \dfrac{P}{(1-D)A_{面积}} = \text{const} \end{cases}$$

$$当\ \sigma_\theta > \frac{\sigma_r + \alpha\sigma_z}{1+\alpha}\ 时,\begin{cases} \sigma_r = \dfrac{(1+b)(\sigma_s + \alpha\sigma_z - q)}{1-b} - q \\[3mm] \sigma_\theta = -\dfrac{(R^2 + r^2)(1+b)(\sigma_s + \alpha\sigma_z - q)}{(1-b)(R^2 - r^2)} - q \\[3mm] \sigma_z = \dfrac{P}{(1-D)A_{面积}} = \text{const} \end{cases}$$

(6)依据理论分析、现场实测、物理试验与数值计算的结果,提出了钢筋混凝土井壁结构的可靠度计算方法。在考虑荷载与效应二维因素的条件下,基于 MATLAB 软件得到了四种不同表土深度中钢筋混凝土井壁结构在不同混凝土强度与荷载条件下的可靠指标与失效概率。同时依据钢筋混凝土井壁结构可靠性理论,建立了可靠指标与使用寿命之间的关系。基于《建筑结构可靠性设计统一标准》(GB 50068－2018)中规定的可靠度指标,得到了四种不同表土层深度中钢筋混凝土井壁结构的可靠度指标变化曲线。

(7)依据钢筋混凝土井壁结构的破裂机理与可靠度指标变化,采取针对性的方式对其进行了治理与预防的数值计算。在役钢筋混凝土井壁由于竖向附加力的增加导致内壁混凝土开裂破损后,采用开设卸压槽与增设套壁的方式进行治理。然而,采用该方法后,随着疏水的继续进行,竖向附加力继续增大,钢筋混凝土井壁会发生二次破坏,其破坏机理主要为卸压槽上下附近的内壁内侧出现径向劈裂破坏,然后裂缝向卸压槽上下远处不断地扩展,同时由内壁向外壁扩展,最终导致卸压槽对应的外壁局部压碎,井壁下沉,产生卸压效应。对于钢筋混凝土井壁的预防,建议采用在内壁设立钢结构可压缩层的方式,减少井壁与外界土层的相对位移量,进而减缓内壁的竖向应力增长,确保井壁在煤矿生产年限内能够满足安全使用性的要求。

9.2　创新点

(1)在现场调研与实测基础上,提出了深厚表土环境(包括内壁与外壁所处的自然环境与井壁所处复杂的力学环境)的主要特征,系统全面地开展了深厚表土环境中高强混凝土力学性能退化试验,得到了高强混凝土的抗压强度与应力-应变全曲线随腐蚀时间的变化规律。

(2)选取厚、中厚、深厚与巨厚表土环境的钢筋混凝土井壁,采用高强混凝土力学性能退化试验得到的混凝土抗压强度与应力-应变关系,采取截面等效的原则进行数值计算,同时利用人工环境气候室对井壁模型腐蚀后进行加载试验,首次系统得到了不同厚度表土环境中钢筋混凝土井壁结构在不同材料性能退化情况下的力学性能。

(3)建立了深厚表土环境中高强混凝土损伤退化演化模型和损伤演化本构模型;基于双剪统一强度理论,得到了钢筋混凝土井壁结构力学性能退化规律;依据钢筋混凝土井壁结构的力学性能退化规律与破裂机理,提出了有效的治理与预防钢筋混凝土井壁结构破损技术。

(4)提出了钢筋混凝土井壁的可靠度计算方法。考虑抗力与效应二维因素,进行了四种不同表土深度中钢筋混凝土井壁的可靠度计算,并基于可靠度预测了钢筋混凝土井壁的剩余寿命。

9.3　展望

深厚表土环境是非常复杂的自然环境与力学环境的耦合,本书主要从理论分析、现场实测、物理模拟试验与数值模拟计算四个方面,对该环境中钢筋混凝土井壁力学性能劣化规律及寿命预测进行了较为系统的研究,得到了一些有价值的研究结果。但是,由于研究内容是一个新的领域,问题复杂,还有许多问题需要进一步研究,主要有以下几个方面。

(1)深厚表土环境是一个很复杂的环境,由于各种条件限制,作者只对 7 个煤矿 15

个井筒内的自然环境进行了检测分析,需要补充样本数来完善井筒内自然环境的数据库。

(2)竖向附加力随着深度以及土层的不同而有所差异,目前对于深厚及巨厚表土层竖向附加力特征的研究较为匮乏,需要对其进行深入研究。

(3)本书仅对 C60、C80、C100 三种混凝土强度等级(各两个配方)五个周期的高强混凝土在深厚表土环境中(包括内壁环境与外壁环境)的力学性能劣化规律及损伤机理进行了研究,如果需要更为全面地了解深厚表土环境对高强混凝土力学性能的影响规律,需要进一步增加试验时间与数量。

(4)在数值模拟计算中,材料选用的井壁截面等效原则与实际情况仍存在一定的误差,需要对材料在数值模拟计算中的选取探索一种更为符合实际的参数选取办法,同时对于计算过程中参数的调整方式需要进一步研究。

(5)由于实验室的条件限制,对于模拟深厚表土环境中钢筋混凝土井壁的物理相似模拟试验无法大量展开,因此需要开展更多的物理模拟试验来研究深厚表土环境中钢筋混凝土井壁材料的劣化对井壁承载能力的影响。

(6)本书基于抗力与效应二维因素对井壁结构进行了可靠度计算与寿命预测,但井壁结构的抗力以及效应的影响因素较多,随机性强,需要建立更为完善的理论体系进行分析与运用。

变量注释表

附表　变量注释表

σ_g	自重应力
γ_h	重力密度
H	计算深度
p	地压
E_l	混凝土弹性模量
τ_{rzm}	井壁与地层间的摩擦力
f_n	竖向附加力
b	影响系数
τ	时间
c	黏聚力
φ	内摩擦角
XRD	X 射线衍射仪
XRF	X 射线荧光光谱仪
$f_立$	混凝土立方体抗压强度
$p_损$	混凝土抗压强度损失率
σ_0	清水中混凝立方体试件的抗压应力
σ_n	腐蚀溶液中混凝立方体试件的抗压应力
σ'_n	腐蚀溶液中混凝立方体试件腐蚀层的抗压应力
d	腐蚀层厚度
D	损伤变量
α	尺度参数
β	形状参数

续表

r	位置参数
ε_{pc}	峰值应变
E_{pr}	过峰值点的割线模量
I_1	应力张量第一不变量
J_2	应力偏量第二不变量
σ_y	材料屈服参数
σ_r	径向应力
σ_θ	环向应力
σ_z	竖向应力
r_1	内壁的内半径
r_2	外壁的内半径
B_1	内壁的厚度
B_2	外壁的厚度
γ	各分项安全系数
D_t	腐蚀时间 t 后的损伤变量
$E(t)$	腐蚀时间 t 后的弹性模量
$A_{面积}$	原面积
$A'_{面积}$	损伤后的有效面积
$[\sigma_{max}]$	可压缩层的屈曲应力
$[U_{max}]$	可压缩层的最大压缩量
R	结构抗力
S	荷载作用效应
$R(t_i)$	第 t_i 时刻的构件抗力
S_G	恒载效应
$S_Q(t_i)$	第 t_i 时刻可变荷载效应
$\beta(t)$	$[0,t]$ 时段内的可靠指标
$\Phi^{-1}(\cdot)$	正态分布函数的逆函数
S_{Gk}	基本荷载效应标准值
μ_{SG}	基本荷载平均值
σ_{SG}	基本荷载标准值
δ_{SG}	基本荷载变异系数

续表

β_N	非均布荷载系数
ν	设计基准期内的总时段数
λ	井壁的厚径比
μ_g	井壁中的环向配筋率
K	井壁中的强度系数
Z	耐久寿命预测的功能函数
T_p	井壁结构使用寿命终结时期
$P_{f,a}$	可接受的失效概率限值

参考文献

[1] 张海龙.中国新能源发展研究[D].长春:吉林大学,2014.

[2] 卢木.混凝土耐久性研究现状和研究方向[J].工业建筑,1997,27(5):1-6.

[3] 冯乃谦.高性能混凝土结构[M].北京:机械工业出版社,2004.

[4] 杨勇.特厚表土层冻结井壁 C80 高性能混凝土配制及其性能研究[D].淮南:安徽理工大学,2006.

[5] 姚燕,王玲,田培.高性能混凝土[M].北京:化学工业出版社,2006.

[6] 陈肇元,朱金铨,吴佩刚.高强混凝土及其应用[M].北京:清华大学出版社,1992.

[7] 陈肇元.高强与高性能混凝土的发展及应用[J].土木工程学报,1997,30(5):3-11.

[8] 李铁军,孟云芳.高性能混凝土的发展与应用前景[J].河北建筑工程学院学报,2009,27(4):24-27.

[9] 夏亮.高性能混凝土及其工程施工质量控制技术[D].合肥:安徽建筑大学,2015.

[10] 张晓东,仲伟群.高强混凝土的力学性能[J].哈尔滨建筑大学学报,1996,29(3):62-68.

[11] 王璟玉,许丹毅,张立勇,等.高强混凝土的抗渗性试验研究[J].新型建筑材料,2006(10):59-60.

[12] 苏传菊,孙养俊.高强高性能混凝土配合比设计技术研究[J].铁道建筑,2006(5):90-91.

[13] 廉慧珍.对"高性能混凝土"十年来推广应用的反思[J].混凝土,2003(7):10-13.

[14] 雷颖占.高强混凝土的研究现状及发展趋势[J].工程建设与设计,2006(3):81-82.

[15] 廉慧珍,路新瀛.按耐久性设计高性能混凝土的原则和方法[J].建筑技术,2001,32(1):8-11.

[16] 蒲心诚,王冲,王志军,等.C100～C150 超高强高性能混凝土的强度及变形性能研究[J].混凝土,2002,156(10):3-7.

[17] 杨志峰.配制 C80 级高强高性能混凝土的试验研究[J].铁道建筑技术,2015,12(1):105-107.

[18] 董文洁,马士玉,王学刚,等.C100 高性能混凝土的研究[J].混凝土,2011(10):96-98.

[19] 徐欣,张蕴颖,赵凯.C80～C100 高强混凝土的工程应用及其长期强度[J].混凝土世界,2011,29(11):68-69.

[20] 周文彪,周秀芬.C80 高强混凝土配比试验研究[J].混凝土与水泥制品,2011,5(1):30-36.

[21] 李惠强.高层建筑施工技术[M].北京:机械工业出版社,2005.

[22] 赵彤,周芝兰,戴自强.高强混凝土的发展与应用[J].天津城市建设学院学报,1997,3(4):99-101.

[23] 王军,陈静静,鞠泽青.盐害环境钢筋混凝土井壁腐蚀机理与类型研究[J].科学技术与工程,2013(6):1690-1694.

[24] 徐惠.硫酸盐腐蚀下混凝土损伤行为研究[D].徐州:中国矿业大学,2012.

[25] 许涛.西部地区深基岩冻结井筒井壁漏水成因与防治措施[D].淮南:安徽理工大学,2015.

[26] 王英浩,景晓红.某矿副井混凝土井壁服役环境分析[J].内蒙古科技大学学报,2016,35(1):8-14.

[27] 刘娟红,卞立波,何伟.煤矿矿井混凝土井壁腐蚀的调查与破坏机理[J].煤炭学报,2015,40(3):528-533.

[28] 报告编写组.全国水工混凝土建筑物耐久性及病害处理调查报告[R].北京水利水电科学研究所,1986.

[29] 刘志强,王飞,郭强.深厚表土层井壁破裂机理及防治技术研究进展[J].煤炭科学技术,2011,39(4):6-10.

[30] 李光泉.深部地质环境对井壁稳定性的影响[J].西南石油大学学报(自然科学版),2012,34(1):103-106.

[31] 崔广心,杨维好,吕恒林.深厚表土层中的冻结壁和井壁[M].徐州:中国矿业大学出版社,1998.

[32] 李军要.井壁结构性能劣化机理分析及防治措施研究[D].淮南:安徽理工大学,2012.

[33] 赵干.高强高性能混凝土在矿井冻结壁工程中的应用[J].煤,2008,17(7):16-18.

[34] 周廷定.顺和煤矿副井井壁腐蚀破坏机理与防治措施研究[D].徐州:中国矿业大学,2015.

[35] 吕恒林,崔广心.深厚表土中井壁结构破裂的力学机理[J].中国矿业大学学报,1999,28(6):539-543.

[36] 崔广心.特殊地层条件竖井井壁破裂机理[J].建井技术,1998,19(2):29-32.

[37] 夏红春,周国庆.地面注浆加固地层法在治理井壁破裂中的应用[J].矿业安全与环保,2008,35(4):25-27.

[38] 侯俊友.深厚表土中复合井壁受力及结构形式研究[D].焦作:河南理工大学,2012.

[39] 崔广心.深厚表土中钻井法凿井的井壁外载和结构[J].中国矿业大学学报,2005,34(4):409-413.

[40] 崔广心.深厚表土中圆筒形冻结壁和井壁的力学分析[J].煤炭科学技术,2008,36(10):17-21.

[41] 刘赞群.混凝土硫酸盐侵蚀基本机理研究[D].长沙:中南大学,2009.

[42] 高润东.复杂环境下混凝土硫酸盐侵蚀微—宏观劣化规律研究[D].北京:清华大学,2010.

[43] 方祥位,申春妮,杨德斌,等.混凝土硫酸盐侵蚀速度影响因素研究[J].建筑材料学报,2007,

10(1):89-96.

[44] 田浩.长期浸泡下混凝土硫酸盐传输—劣化机理研究[D].深圳:深圳大学,2015.

[45] 曹健.轴压荷载下干湿循环-硫酸盐侵蚀耦合作用混凝土长期性能[D].北京:北京交通大学,2013.

[46] 吴长发.水泥混凝土抗硫酸盐侵蚀试验方法研究[D].成都:西南交通大学,2007.

[47] 张敬书,张银华,冯立平,等.硫酸盐环境下混凝土抗压强度耐蚀系数研究[J].建筑材料学报,2014,17(3):369-377.

[48] 董宜森.硫酸盐侵蚀环境下混凝土耐久性能试验研究[D].杭州:浙江大学,2011.

[49] 崔广心.复杂地层中地下工程特殊施工技术发展与展望[J].煤,2000,9(6):3-8.

[50] 杨维好.新型单层冻结井壁技术研究与应用[D].徐州:中国矿业大学,2011.

[51] 王衍森.特厚冲积层中冻结井外壁强度增长及受力与变形规律研究[D].徐州:中国矿业大学,2008.

[52] 吕恒林,杨维好,周国庆.底部含水层疏排水时端部嵌固长桩的负摩擦力[J].土木工程学报,1996,29(5):36-42.

[53] 陈志杰.冻结施工条件下立井井壁混凝土性能劣化机理与评价[D].北京:北京科技大学,2016.

[54] 王军,高会贤,高志强.深厚冲积层盐害腐蚀下矿井混凝土井壁可靠度研究[J].煤炭技术,2014,33(5):286-288.

[55] 金南国,徐亦斌,付传清,等.荷载、碳化和氯盐侵蚀对混凝土劣化的影响[J].硅酸盐学报,2015,43(10):1483-1491.

[56] 陈志敏.井壁混凝土在早期荷载与负温作用下的损伤劣化研究[D].北京:北京建筑大学,2013.

[57] 孙兆雄,葛毅雄.天然硫酸环境水对混凝土的侵蚀例析[J].新疆农业大学学报,2003,26(2):65-71.

[58] 李定龙,周治安.井壁混凝土渗水腐蚀破坏可能性分析[J].煤炭学报,1996,21(2):158-163.

[59] 宿晓萍.吉林省西部地区盐渍土环境下混凝土耐久性研究[D].长春:吉林大学,2013.

[60] 吕恒林.深厚表土中井壁的力学特性研究[D].徐州:中国矿业大学,1999.

[61] 姚直书,桂建刚,程桦,等.内层钢板高强钢筋混凝土复合井壁数值模拟[J].广西大学学报(自然科学版),2010,35(1):35-38.

[62] 徐敏.基于 ANSYS 的双层钢板混凝土井壁力学特性分析及优化设计[D].淮南:安徽理工大学,2013.

[63] 侯俊友,聂飞.单层井壁竖直附加力变化规律的数值分析[J].中州煤炭,2012,198(6):31-34.

[64] 张驰,王新强,和锋刚,等.双层钢板约束混凝土钻井井壁力学性能数值模拟研究[J].建井技术,2008,29(5):22-24.

[65] 陈祥福,申明亮,张勇,等.厚表土立井井壁破坏数值模拟研究[J].地下空间与工程学报,

2010,6(5):926-931.

[66] 中华人民共和国住房和城乡建设部,国家市场监督管理总局.建筑结构可靠性设计统一标准:GB 50068—2018[S].北京:中国建筑工业出版社,2019.

[67] 黄国胜.在役建筑结构可靠性评估及加固技术研究[D].武汉:武汉理工大学,2002.

[68] 贡金鑫.钢筋混凝土结构基于可靠度的耐久性分析[D].大连:大连理工大学,1999.

[69] 刘燕竹.深厚冲积层冻结井筒外层井壁结构可靠度分析[D].淮南:安徽理工大学,2016.

[70] 姚亚锋.深厚冲积层冻结立井外层井壁结构模糊随机可靠性研究[D].淮南:安徽理工大学,2016.

[71] 孙林柱,杨俊杰.双层钢筋混凝土冻结井井壁结构可靠度分析[J].建井技术,1997(3):17-22.

[72] 何伟.临涣矿区立井井壁腐蚀机理与结构可靠性研究[D].北京:北京科技大学,2016.

[73] 潘洪科,王穗平,祝彦知,等.钢筋混凝土结构锈胀开裂的耐久性寿命评判与预测研究[J].工程力学,2009,26(7):111-116.

[74] 金伟良,吕清芳,赵羽习,等.混凝土结构耐久性设计方法与寿命预测研究进展[J].建筑结构学报,2007,28(1):7-13.

[75] 杨平.卸压槽治理井壁破裂研究[J].岩土工程学报,1998,20(3):19-22.

[76] 涂心彦.新义煤矿副井井壁治理技术研究[D].徐州:中国矿业大学,2008.

[77] 王档良,鞠远江,胡文武.杨庄煤矿副井破裂井壁多次治理效果对比分析[J].煤炭科学技术,2009,37(1):65-68.

[78] 程德全.邱集煤矿井筒破裂机理分析及修复加固设计[D].淮南:安徽理工大学,2015.

[79] 周扬,周国庆,梁化强.井壁约束内壁治理方法的力学分析[J].中国矿业大学学报,2009,38(2):197-202.

[80] 夏红春,汤美安.表土层注浆加固法防治井壁破裂的机理及应用[J].采矿与安全工程学报,2009,26(4):407-412.

[81] 张印,周玉华,董永青.深厚表土层中的井壁破裂与治理[J].青岛理工大学学报,2001,22(2):10-12.

[82] 琚宜文,刘宏伟,王桂梁,等.卸压套壁法加固井壁的力学机理与工程应用[J].岩石力学与工程学报,2003,22(5):773-777.

[83] 张浩.许疃煤矿改扩建工程冻结井可缩性井壁接头的研究与应用[D].淮南:安徽理工大学,2015.

[84] 杨志江,韩涛,杨维好,等.管板组合式井壁可缩装置的竖向临界荷载[J].煤炭学报,2011,36(8):1276-1280.

[85] 吕恒林,吴元周,周淑春.煤矿地面工业环境中既有钢筋混凝土结构损伤劣化机理和防治技术[M].徐州:中国矿业大学出版社,2014.

[86] 方忠年.煤矿地面工业环境中RC框架结构力学性能退化规律及机理研究[D].徐州:中国矿

业大学,2014.

[87] 李雁.海洋腐蚀与冻融环境下掺合料混凝土物理力学性能及损伤机理研究[D].徐州:中国矿业大学,2015.

[88] 黄河.损伤理论在腐蚀混凝土力学性能研究中的应用[D].重庆:重庆大学,2004.

[89] 翟运琼.腐蚀混凝土单轴受压本构模型及其在混凝土构件力学性能分析中的应用[D].重庆:重庆大学,2005.

[90] 董毓利,谢和平,赵鹏.受压混凝土理想弹塑性损伤本构模型[J].力学与实践,1996,18(6):14-16.

[91] 董毓利,谢和平,赵鹏.不同应变率下混凝土受压全过程的实验研究及其本构模型[J].水利学报,1997(7):72-77.

[92] 董毓利,谢和平,李世平.砼受压损伤力学本构模型的研究[J].工程力学,1996,13(1):44-53.

[93] 封伯昊,张立翔,李桂青.混凝土损伤研究综述[J].昆明理工大学学报,2001,26(3):21-30.

[94] 陈瑜海.用 Weibull 理论研究脆性材料的损伤概率[J].水利学报,1996,12(6):45-48.

[95] 吴政.基于损伤的混凝土拉压全过程本构模型研究[J].水利水电技术,1995,11(2):58-63.

[96] 袁琴.纵筋配筋率对预应力混凝土简支梁受剪性能影响的研究[D].南京:东南大学,2009.

[97] 孙春梅.导管架平台极限状态分析研究[D].天津:天津大学,2007.

[98] 王向东.混凝土损伤理论在水工结构仿真分析中的应用[D].南京:河海大学,2004.

[99] 李杰,吴建营.混凝土弹塑性损伤本构模型研究I:基本公式[J].土木工程学报,2005,38(9):14-20.

[100] 敖文刚,伍太宾.双剪统一强度理论在厚壁圆筒分析中的应用[J].模具工业,2007,33(8):28-31.

[101] 张志刚.基于统一强度理论对结构断裂的力学分析[D].西安:长安大学,2009.

[102] 戴志华.钢筋混凝土结构和砌体结构剩余寿命预测与系统开发[D].上海:同济大学,2008.

[103] 杨跃新.混凝土连续梁桥的时变可靠度评定与寿命预测[D].哈尔滨:哈尔滨工业大学,2007.

[104] 施养杭,李浩.混凝土结构碳化寿命可靠度分析[J].华侨大学学报(自然科学版),2008,29(4):600-604.

[105] 汤海昌.硫酸盐侵蚀下混凝土的耐久性分析[D].南京:南京理工大学,2008.

[106] 于峰.钢筋混凝土结构可靠性的模糊综合评估[D].西安:西安建筑科技大学,2005.

[107] 刘燕竹,蔡海兵.钢筋混凝土钻井井壁模糊可靠度分析[J].低温建筑技术,2015,208(10):107-109.

[108] 潘宏.考虑服役环境和钢筋锈蚀形态的桥梁可靠度分析[D].杭州:浙江大学,2011.

[109] 顾勇军.特载车过桥的可靠度评估及对策研究[D].杭州:浙江工业大学,2009.

[110] 吴世伟.结构可靠度分析[M].北京:人民交通出版社,1990.

[111] 杨志江.管板组合式井壁可缩装置研究与应用[D].徐州:中国矿业大学,2004.

[112] Mehta P K. Durability-critical Issues for the Future[J]. Concrete International,1997,8(7): 27-33.

[113] Mindess Sidney,Young J Francis. 混凝土[M]. 方秋清译. 北京:中国建筑工业出版社,1989.

[114] Sun G K,Young J F,Kirkpatrick R J. The role of Al in C-S-H:NMR,XRD,and compositional results for precipitated samples[J]. Cement and Concrete Research, 2006,36(1): 18-29.

[115] Richardson I G. The nature of C-S-H—in bardened cements[J]. Cement and Concrete Research, 1999,29(8):1131-1147.

[116] Lodeiro,Macphee D E,Palomo A,et al. Effect of alkalis on fresh C_2S_2H gels. FTIR analysis[J]. Cement and Concrete Research,2009,39(1):147-153.

[117] Niyazi Ugru Kockal, Fikret Turker. Effect of environmental conditions on the properties of concretes with different cement types [J]. Construction and Building Materials,2007,21 (3):634-645.

[118] Hasan Biricik, Fevziye Akz, Fikret Turker,et al. Resistance to magnesium sulfate and sodium fulfate attack of mortars conraining wheat straw ash [J]. Cement and Concrete Research,2000,30(8): 1189-1197.

[119] Salah U. Al-Dulaijan. Sulfate resistance of plain and blended cements exposed to magnesium sulfatesolutions [J]. Construction and Building Materials,2007, 21(8):1792-1802.

[120] P. Chindaprasirt, P. Kanchanda, A. Sathonsaowaphak, et al. Sulfate resistance of blended cements containing fly ash and rice husk ash [J]. Construction and Building Materials, 2007, 21(6):1356-1361.

[121] Salah U. Al-Dulaijan, M. Maslehuddin, M. M. Al-Zahrani, et al. Sulfate resistance of plain and blended cements exposed to varying concentrations of sodium sulfate[J]. Cement and Concrete Composites, 2003, 25(5):429-437.

[122] P. J. Tikalsky,R. L. Caarrasquillo. Influence of fly ash on the sulfate resistance of concrete [J]. ACI Materials Journal, 1992, 89(1):69-75.

[123] Andrew J Boyd, Sidney Mindess. The use of tension testing to investigate the efffect of W/X ratio and cement type on the resistance of concrete to sulfate attack[J]. Cement and Concrete Research, 2004, 34(3):373-377.

[124] Winkler E M. Frost damage to stone and concrete[J]. Engineering Geology,1968,12(5): 315-323.

[125] Yamabe T,Neaupane K M . Determination of some thermo-mechanical properties of Sirahama sandstone under subzero temperature conditions[J]. International Journal of Rock Me-

chanics & Mining Science,2001,38(7):1029-1034.

[126] Park C,Synn J H Shin D S . Experimental study on the thermal characteristics of rock at low temperatures [J]. International Journal of Rock Mechanics & Mining Science,2004,4 (4):81-86.

[127] ZHANG Chi,YANG Wei-hao,QI Jia-gen,et al. Analytic computation on temperature field formed by a single heat transfer pipe with unsteady outer the forcible thawing surface temperature [J]. Journal of Coal Science&Engineering,2012,18(1):18-24.

[128] Yasuhiro Mori ,Bruce R. Ellingwood. Time-dependent system reliability analysis by adaptive importance sampling[J]. Structural Safety. 1993, 12(4):59-73.

[129] Tuutti K. Corrosion of Steel in Concrete[M]. Stochkolm: Swedish Cement and Concrete Research Institute, 1982.

[130] M Funahashi. Predicting corrosion free service life of a concrete structure in a chloride environment[J]. ACI Material Journal,1990,87(8) :581-587.

[131] YE Huan, CHEN Qing-Hua. Stress-Strength Structural Reliability Model with a Stochastic Strength Aging Deterioration Process[J]. Journal of Donghua Universyty. 2014,31(6): 847-849.